建设社会主义新农村科技丛书

大樱桃丰产栽培新技术

辽宁省科学技术协会　编

辽宁科学技术出版社

沈　阳

图书在版编目（CIP）数据

大樱桃丰产栽培新技术／辽宁省科学技术协会编.
沈阳：辽宁科学技术出版社，2010.3（2013.1重印）
（建设社会主义新农村科技丛书）
ISBN 978-7-5381-6359-9

Ⅰ.①大… Ⅱ.①辽… Ⅲ.①樱桃—果树园艺
Ⅳ.①S662.5

中国版本图书馆CIP数据核字（2010）第035575号

出版发行：辽宁科学技术出版社
　　　　　（地址：沈阳市和平区十一纬路29号　邮编：110003）
印　刷　者：辽宁美术印刷厂
幅面尺寸：140mm×203mm
印　　张：3.5
字　　数：80千字
印　　数：14101～16100
出版时间：2010年3月第1版
印刷时间：2013年1月第3次印刷
责任编辑：李伟民
特邀编辑：方春晟
封面设计：蝶　蝶
责任校对：徐　跃

书　　号：ISBN 978-7-5381-6359-9
定　　价：7.00元

联系电话：024-23284360
邮购热线：024-23284502
http://www.lnkj.com.cn

序　言

　　《建设社会主义新农村科技丛书》已经编辑出版了两批共 20 种，总的看反响不错，有的根据农村需求已再版印刷。建设社会主义新农村，是党和国家为全面贯彻落实科学发展观、构建社会主义和谐社会作出的重大战略部署。科协作为党领导下的科技工作者的群众组织，在发挥自身优势、促进农民素质全面提高这一基础性社会工程中完全可以大显身手，有所作为。建设社会主义新农村是一项艰巨的历史任务，既要靠党的政策，又要靠科学技术；既是物质文明建设，又是精神文明建设；既要彻底改变农村面貌，又要培养农民的全面发展。我们必须树立以农民为主体的观念，想农民所想，急农民所需，从根本上促进"三农"问题的解决。目前，把建设社会主义新农村的实用新技术送往农村，让村村户户都能有"明白人"，真正掌握一两项技能，不断提高致富本领，给农民带来看得见、摸得着的实惠，这是各级科协组织的当务之急，也是今后一段时间的基本任务。我们组织编写《建设社会主义新农村科技丛书》，是直接送技术知识给农民，同时也是为广大科技工作者施展聪明才智、服务"三农"搭建一个有效平台。

　　《建设社会主义新农村科技丛书》涵盖了种植、养殖、林果、土肥、植保、设施农业、农副产品加工、经纪人培养等专业的实用新技术，下一步还要扩大范围，广泛组织水利、农机、生态能源、储运保鲜、农村专业技术协会发展及经营等领域的专家、学者参与这项工作，努力用通俗的语言，把最新的优良品种和实用技术深入浅出地撰写出来，提供给农户。编写中，尽量做到介绍的技术具体、完整，可操作性强，可以比照操作。为了便于广大农民尽快掌握这些实用技术，加深对问题的理解，本套丛书还比较注意介绍一些基础知识。在侧重介绍新技术、新品种时，也适当地介绍一些常规性的目前还不能被完全替代的优良品种和实用技术，对一些没有经过严格实验，把握不大的品种，我们都严格把关，不致受社会上个别商业性炒作所左右，以防给农民造成不应有的经济损失。

在编写过程中，辽宁省老科技工作者协会、沈阳农业大学老科技工作者协会等单位做了大量具体工作，辽宁科学技术出版社对本套丛书的出版给予了大力支持，在此一并表示感谢！由于水平所限，科学技术发展迅速，编写过程中会有不完善甚至错误之处，恳请广大读者批评指正。

康　捷

2009 年 3 月于沈阳

目　录

一、当代名优高效品种 …………………………………… 2

　（一）甜樱桃名优高效品种 …………………………… 2

　（二）俄罗斯优质抗寒甜樱桃品种 …………………… 8

　（三）酸樱桃及其名优品种 ………………………… 11

二、优良砧木 …………………………………………… 16

　（一）当前应用较多的优良砧木 …………………… 16

　（二）应用较少和不宜采用的砧木 ………………… 19

三、甜樱桃的生态条件 ………………………………… 21

　（一）气候条件 ……………………………………… 21

　（二）土壤条件 ……………………………………… 23

　（三）水分与水源条件 ……………………………… 23

　（四）地形、地势条件 ……………………………… 24

四、栽树建园 …………………………………………… 25

　（一）建园要求 ……………………………………… 25

　（二）适栽地块 ……………………………………… 25

　（三）科学定植 ……………………………………… 26

五、科学管理 …………………………………………… 29

　（一）改土 …………………………………………… 29

　（二）巧施肥 ………………………………………… 32

　（三）灌水与排水 …………………………………… 40

六、整形修剪 …………………………………………… 42

　（一）大樱桃芽与枝的特性 ………………………… 42

　（二）整形修剪五项原则 …………………………… 47

（三）幼树整形修剪 ……………………………… 49

（四）结果树的修剪 ……………………………… 56

（五）生长季节的修剪 …………………………… 58

（六）整形修剪的三个关键点 …………………… 61

七、防病灭虫 ………………………………………… 68

（一）病害 ………………………………………… 68

（二）虫害 ………………………………………… 70

八、大樱桃生产中常见的问题与解决方法 ………… 77

（一）大樱桃栽培的绿叶保护 …………………… 77

（二）五大难题与解决办法 ……………………… 81

（三）死树死苗的原因 …………………………… 94

（四）不结果的缘由与成花结果的对策 ………… 97

　　大樱桃包括甜樱桃、酸樱桃和甜樱桃与酸樱桃的杂交种，原产西亚和东南欧，如伊朗、叙利亚和黎巴嫩等地。我国1871年开始栽培，已形成山东半岛、辽东半岛、秦皇岛"三岛"主栽区，并带动其他适栽地区的发展。

　　大樱桃形美、色美、味美，五光十色，香醇宜人，可谓果中之花。大樱桃营养丰富，在甜樱桃的果肉中，含碳水化合物12.3%~20%，蛋白质1.1%~1.6%，脂类0.3%~0.5%，有机酸0.5%~1.0%。天门冬酰胺，百克果汁中含47.0毫克，为一般水果之最。还含有多种微量元素和维生素，其中胡萝卜素为苹果的2.7倍。

　　大樱桃早产早丰，3年见果，4年可收回全部投资，5年丰产，6年后高产稳产，生产投入是苹果的一半，产值是苹果的5~20倍。大樱桃用途广，可以深加工。甜樱桃以鲜食为主，酸樱桃主要用于加工。美国农民称大樱桃是宝石水果，大樱桃生产是黄金种植业。

　　目前，全世界大樱桃产量230万吨左右。中国人口占世界1/5，大樱桃产量只占世界总产量的1%左右，人均1~2个果，与日益增长的需求相差悬殊。欧洲大樱桃占世界总产量的81%，北美占13%，亚洲只占4%。每年全世界出口大樱桃10.6万~15万吨，美国是最大的出口国，其中60%出口到日本和中国台湾、中

国香港。欧盟每年进口 6 万~10.7 万吨，日本和中国香港、中国台湾每年都进口约 1 万吨，韩国、新加坡、泰国、俄罗斯均有进口。

一、当代名优高效品种

发展大樱桃必须以优为本。目前，初步统计大樱桃有 2000 多个品种，其中甜樱桃约 600 种、酸樱桃 1400 多种。我国有甜樱桃品种 100 多个，酸樱桃品种 10 余个。要根据市场需求、地区生态优势和人们消费习惯，广泛深入考察来确定发展品种。

（一）甜樱桃名优高效品种

1. 萨米脱

又叫沙米豆、萨米特、皇帝、沙蜜心、巅峰，加拿大 1957 年育成，亲本为先锋×萨姆。我国最早为烟台市果树科学研究所于 1988 年从加拿大引入，译为萨米脱；后来辽宁大连从日本引入，译为沙米豆。个别地方的说法有大个沙米豆和一般沙米豆，实际上都是一个品种，只是由于树龄、树势、留果量、营养、管理和生态条件不同，果个大小也不同罢了。

萨米脱，树势中庸健壮，树姿开张，枝条短壮硬、青灰色、光亮，叶片较大、椭圆形、厚硬、平展、黑绿，蜜腺暗紫红色。早产早丰，极丰产，高产稳产，3 年结果，4 年丰产，6 年后株产可达

50 千克。抗裂果能力较强。果个大，整齐一致，长心脏形，单果重 12.7 克，最大 22 克；果面鲜红亮丽，过熟后逐渐变成紫红色；红亮的果面上密布黄色果点，犹如镶嵌的金色宝石，分外漂亮；

顶尖有一谷粒大小黄褐色硬点。果肉硬、致密、乳白色、肥厚、多汁，风味佳，甜酸适口，含可溶性固形物 17.9%、总酸 0.78%，品质上；果皮较薄，耐贮运；果实发育期 55~60 天，辽宁大连地区 6 月下旬至 7 月初成熟。

综合评价：个大，整齐，艳美，品质佳，耐贮运；早产早丰，高产稳产，为晚熟高效佳品，可以全面推广发展。

2. 美早

代号 PC 系列 7144-6，美国 20 世纪 90 年代育成，亲本为斯坦勒×伯兰特。1989 年中美科技交流，由大连市农业科学研究所保存，1995 年通过《果树名优新品种》一书向外公布。

树势强旺，幼树直立，结果后逐渐开张；萌芽率高，成枝力强；1、2 年生枝条粗壮，淡土红褐色、粗糙、斜生，多年生枝棕褐色；叶片特大，长椭圆形，黄绿色，向下斜垂伸展；蜜腺大，多为 2 个，也有 3 个，个别 4 个，肾形，鲜亮，红色；花芽大，饱满，花冠大；早产早丰，高产稳产，比红灯早结果 1~2 年，连续结果能力强，花簇状果枝可连续结果 7 年以上。3 年结果，5 年小丰产，6 年后株产可超 50 千克。抗抽条能力较强，较抗流胶。辽宁大连地区 6 月 10—15 日成熟，比红灯晚 5 天左右，树上可存留 7~10 天，为红灯、佳红良好授粉树。果个大，整齐一致，宽心脏形，单果重 11.36 克，大个 14.81 克，大棚最大 21 克；梗洼中广、中深，有顶凹；果面鲜红渐变紫红、紫黑，美观艳丽，有光泽；果肉淡粉红色，脆硬丰厚，汁丰，果皮韧性较强。含可溶性固形物 17.6%，可滴定总酸 0.68%，维生素 C12.1 毫克/100 克，单宁 0.16%。酸甜适口，品质优良。果把粗短，长 2.55 厘米，粗 0.2~0.26 厘米。推广虽晚，发展很快。

评价：个大，整齐，美观，优质，结果早，高产稳产，耐贮运，抗性强，为早中熟优质高效品种。

3. 红灯

代号 63-2-6，大连市农业科学研究所育成，亲本为那翁×黄玉。树势强健，生长旺盛。幼树生长尤其迅速，多直立，易徒长。结果后树冠逐渐半开张，树体大。1~2 年生枝棕褐色，多年生枝干紫红色，都有白色膜层。萌芽率高，成枝力较强，枝条粗壮。结果晚 1~2 年，4 年见果，6 年丰产，连续结果能力较强，丰产性能较好，粗大的枝条上常缓出一串花芽，结果成簇成球。初果期以长、中果枝结果较多，盛果期短果枝及花束状和莲座状果枝增加，产量也随之增加。因为长、中果枝较多，所以能保持长期壮树高产。叶片大，阔椭圆形，叶面平展，深绿色，蜜腺 2~3 个，紫红色，长肾形；花芽大而饱满，花冠较大，花粉量较多；果实发育期 40~45 天。

果实大，宽肾形，较整齐，单果重 9.6 克，最大 14.8 克；初熟为鲜红色，艳丽光亮，挂在树上宛若红灯笼，逐渐变成紫红色；果肉肥厚，多汁，较软，味酸甜适宜；果核中大，圆形，半离核；果柄短；可食率为 92.6%。含可溶性固形物 17.1%，总糖 14.48%，总酸 0.92%，干物质 20.09%，维生素 C16.89 毫克/100 克，单宁 0.153%，品质上。较耐贮运。辽宁大连地区 6 月上旬成熟。其缺点是：幼树旺长结果晚；管理不佳流胶较重，果个变小或大小不一；果肉较软，耐贮运性不如萨米脱、美早；抗寒性较差，不如萨米脱、美早、先锋、斯坦勒等；地区口味差异大，如北京地区红灯味偏酸，山东地区较酸，辽宁大连地区酸甜。

评价：个大，形美，色红，把短，早熟，树壮，较丰产，可作为优良的早熟品种继续发展。

4. 拉宾斯

加拿大育成，亲本为先锋×斯坦勒，1988 年引入山东烟台。树势较强健，树姿开张，树冠中大，幼树生长快、半开张。1、2 年生枝条棕褐色，披有灰白色膜，新梢直立粗壮。萌芽率高，成枝力强，枝条中壮，结果早。3 年见果，4 年丰产，极丰产，高产稳产。初果期就以中、长枝上的花束、花簇状果枝结果为主。开花比先锋早 3~4 天。叶片厚大、平展、深绿色、椭圆形，呈下斜状着生。花芽较大而饱满，花粉量多，自交亲和。果实中大，近圆形，单果重在原产地 11.53 克，在中国 8 克，结果过量变小；果皮较厚韧，紫红色，有光泽，果点细；果肉黄白，硬而脆，汁多，充分成熟后，酸度下降，甜酸可口，风味佳，品质上，含可溶性固形物 16%。辽宁大连地区 6 月下旬至 7 月初成熟。耐贮运，较抗裂果，鲜食、加工兼用。

评价：个中大，色紫红，抗霜冻，结果早，极丰产，集自花结实、优良授粉树、高产稳产于一体，可作为晚熟品种适当发展。

5. 佳红

代号 3-41，大连市农业科学研究所育成，亲本宾库×香蕉。树势中庸健壮，树姿开张。1、2 年生枝条棕褐色，多年生枝干紫褐色。枝条较粗壮，多斜生、横生和下垂生长，萌芽率高，成枝力强，分生中、小枝多。3年结果，5年丰产，6年株产超50千克。短截后分生的中、小枝基部易成花，花芽量大，连续结果能力强，极丰产，高产稳产。初果期中、长果枝结果，很快形成花束状果枝以进入高产期，但盛果期也靠一部分中、长果枝结果。叶片中大，较厚，椭圆形，平展，深绿色，呈下斜状着生；蜜腺大，2~3个，黄底套鲜红色。花芽较大而饱满，花粉量较大，为优良的授粉树。果实宽心脏形，较大而整齐，单果重9.57克，最大15克。果皮底色淡黄，阳面粉红到鲜红，过熟后全面红色，有光泽，亮丽美观。果肉浅黄白色，质较软，肥厚，多汁，甜香怡人；核小，粘核；可食率94.5%。含可溶性固形物19.75%，总糖13.17%，总酸0.67%，单宁0.087%，干物质18.21%，维生素C10.75毫克/100克。品质极佳。辽宁大连地区6月下旬成熟。肉软不耐贮运，遇雨有裂果。适应范围广，北起辽宁瓦房店，南至江苏北部、湖南和四川的高海拔地区，西至陕西、甘肃天水等地都可栽培。

评价：果个较大，风味极佳，树中壮，极丰产，授粉好，但不耐贮运，可适当发展。

以下介绍可以少量栽植的品种。

1. 艳阳（桑波斯特）

意译为燃烧的太阳、火红的太阳，加拿大育成，亲本为先

锋×斯坦勒。树势较强健，树姿开张，树冠中大，幼树生长快，半开张。萌芽率高，成枝力较强，枝条中壮。丰产性好，可连续高产。成年树如生长过旺会导致果实变小，含糖量下降。叶

片大，深绿色。果实个大，单果重12.3克，最大22.5克，圆形或短肾形；果柄中长；果面鲜红至深红，光亮；果肉深红色，甜味浓，甜美多汁，质地较硬，较耐贮运；含可溶性固形物17.9%，糖度14.6%。辽宁大连地区6月底至7月初成熟。较抗裂果，自花结实率高，贮存中软化速度慢。结果后树势变弱，多施肥增加氮肥、注重短截促发新枝、控制局部旺条、采用乔砧或高接在红灯树上，会防止树衰、果小、含糖量下降。

评价：个大，鲜艳，味美，丰产，易衰，可少量栽培。

2. 先锋

又译成凡、范、王，加拿大育成，郑州市果树科学研究所1983年引入。树势强健，树姿较开张，新梢较粗壮。幼树新梢棕褐色，大枝紫红色。萌芽率高，成枝力强，分生中、小枝多，且斜生或下垂；易成花，早产早丰，连年丰产。叶片较大，厚，深绿色，平展；蜜腺多为2个，多者4个，肾形，紫红色。花芽大而饱满，花粉多。果个中大，单果重8.6克，最大10.5克；果实肾形或短心脏形、球形；果面浓红色至紫红色，艳丽，有光泽；果皮厚韧；果肉玫瑰红色，肉质肥厚，较硬且松脆，汁多，含可溶性固形物17%，甜酸适口，品质上。可食率92.1%。辽宁大连地区6月下旬成熟。鲜食、加工兼用。耐贮运，较抗裂果，又是杂交育种的优良亲本。先锋的变种有早生凡，成熟期比红灯早5~7天，果柄短，自花结实率45%~60%；还有紧凑型凡，树冠小而紧凑，结果早，产量高，适于密植。

评价：果个中大，色泽艳丽，甜酸适口，早产早丰，较抗裂果，耐贮运，可少量栽植，或作为授粉品种以及杂交育种的亲本。

3. 坎尼达克斯

加拿大品种。树势强健，树姿半开张。幼树生长较直立，以后逐渐开张。枝条较粗壮、斜生，节间较短。新梢黄褐色，1年生枝深褐色，多年生枝红褐色。萌芽率高，成枝力强。结果早，丰产。幼树中、长果枝结果，中、长枝常缓出一串花芽；盛果期短果枝和花束状果枝结果。叶片中大，黄绿色，平展略下斜；蜜腺 2~4 个，多数 2 个，肾形，底色黄，套复一层紫红色，即紫红色镶黄边。花芽大而饱满，花粉多。果个中大，单果重 8.5 克，大个 10 克；果实肾形；果面底色黄，阳面有鲜红色晕，光亮；果肉白色，较硬，味甜香，鲜食、加工均宜。辽宁大连地区 6 月底成熟。自花结果率 35%。丰产性优于雷尼尔，果实酸味少于雷尼尔，遇雨裂果比雷尼尔轻。

评价：果个中大，艳丽，极丰产，较耐贮运，裂果轻，成熟晚，似雷尼尔又优于雷尼尔，可少量栽培，或作为优良授粉品种。

（二）俄罗斯优质抗寒甜樱桃品种

我国从俄罗斯引入 16 个甜樱桃品种，这些品种品质优良，抗寒性强，可以在现有适栽区北界以外的适宜地区发展，使栽植区向北扩大。

1. 优质抗寒品种原产地生态条件

当地为大平原，黑钙土，气候条件与沈阳相近：最低气温 -34℃，绝对低温 -39℃，沈阳 -33.1℃；最高气温 41℃，沈阳 38.3℃；年均气温 6.7℃，沈阳 7.8℃；≥10℃积温 2900℃，沈阳 3400℃；10℃以上天数 160 天，沈阳 170 天；平均初霜日 10 月 5 日，沈阳 10 月上旬；平均终霜日 4 月 25 日，沈阳 4 月下旬；最早初霜日 9 月 5 日，沈阳 9 月 15 日；最晚终霜日 5 月 22 日，沈阳 5 月 18 日；冻土深 70~80 厘米，最深 120 厘米，沈阳 80~100 厘米，最深 148 厘米。在这种气候条件下，甜樱桃正常生长结果，最大树龄 50 年生。这里的甜樱桃风味香甜，等于或优于佳红；极丰产，挂果满树，成球成串。

2. 主要抗寒品种

尤里亚（单果重 8~9 克，粉红色，6 月下旬成熟）、罗索什大果（单果重 9 克，紫红色，6 月下旬成熟）、罗索什金果（单果重 7~8 克，金黄色，6 月下旬成熟）、尤里亚女儿（单果重 9~10 克，底色亮黄有红晕，透明，6 月下旬成熟）、亚罗斯拉夫娜（单果重 9 克，紫红色，6 月下旬成熟）、佐里卡（单果重 6 克，紫黑色，6 月下旬成熟）、列宁格勒黑果（单果重 6 克，黑色，6 月下旬成熟）、女大学生（单果重 8 克，粉红色，7 月中旬成熟）、奥连卡（单果重 7 克，紫红色，6 月下旬成熟）、57-76（单果重 10 克，黄底红脸，6 月底成熟）、62-85（单果重 9~10 克，浓红色，6 月底成熟）、20 号（单果重 10 克，金黄色，6 月下旬成熟）、8 号（单果重 12.9~13.26 克，鲜红至紫黑色，6 月中旬成熟）、9 号（单果重 8 克，紫红色，6 月上旬成熟）等，其特点是极抗寒，味香甜，果个大，极丰产，抗裂果。

3. 抗寒甜樱桃中的优良品种——含香（8 号）的综合性状

含香（8 号），1993 年育成，亲本为尤里亚×瓦列里伊契卡洛夫。树势强健，生长旺盛，树姿开张。苗木生长强旺，幼树生长迅速，枝条粗壮，多斜生、开张，树冠扩大快。1 年生枝淡灰褐色，2 年生枝深灰褐色，多年生枝栗褐色，主干灰褐色。枝条顶端呈 3 芽并生状态。萌芽率高，除枝条基部隐芽全部萌发；成枝力较强，缓放枝上部都能抽生 3~6 个新梢，短截可分枝 5~9 个。早产早丰，极丰产，直栽 3 年见果，高接下年结果。易成花，短果枝结果能力强，极易形成花簇状短果枝，且座果率较高，一个 15.5 厘米长、0.6 厘米粗、由 4 个叶丛枝组成的短果枝群结果 25 个，果个整齐一致。花芽大而饱满，花冠较大，花粉量较多。抗寒抗病能力强，在原产地耐-34℃低温。

果实：宽心脏形，双肩凸起宽大；梗洼宽阔、较深；有顶洼，较窄小，中心有 1 个灰白色小斑点，顶洼边靠腹面一侧有 1 个小凸起；腹部上方有一道纵向隆起，如胸凸、山脊，呈红褐色，由此往下变平凹（萨米脱腹面较平，美早腹面略凹）。背面有一纵沟，较宽；缝合线，较宽、紫黑色、明显；果面有似菱形光泽，无星状果点，油润光亮。

果形变化大：前期（黄色期），长椭圆形，果顶尖长，尖顶十分明显；后期（红色期），横向生长快，变宽心脏形，出现小顶洼。果实增长速率，前期十分缓慢，近成熟期十分迅速，这时果个明显增大，很快变成大果。在辽宁瓦房店地区 6 月 10 日已鲜红可采收，6 月 18 日变黑紫色，6 月 22 日紫黑色，仍可存在树上，延后 12 天，变成中熟品种。

果实颜色：开始黄绿、淡红、鲜红，逐渐变紫红、紫黑，最后黑又亮。光泽鲜明，亮丽深浓，如油画。果皮厚韧，弹性极强，果皮厚度约为萨米脱、美早的 2 倍。果实带皮硬度 5.84 千克/平方厘米（萨米脱为 4.84 千克/平方厘米），极耐贮运，冰箱恒温贮存 35 天仍然完好。

单果重 12.9 克，果实纵径平均 2.64 厘米，横径平均 2.99 厘米。

果肉：肥厚硬脆，深紫红色，间放射状粉白色短条，果心深红紫色，差异明显；汁特丰，紫红色；可食率 95.17%；甜香味浓、甜带微酸、回味香醇，远超过萨米脱和美早等，过熟后依然香甜；含可溶性固形物 18.51%，总酸 0.69%，其中柠檬酸 0.40%；果核中大，椭圆形，半离核，单核重 0.47~0.50 克，肉核比 19.7:1；果把中长，较粗壮，绿色，长 2.2~3.9 厘米，粗 1.3~2.2 毫米。

叶片：特大，宽而长，厚而浓绿，阔长椭圆形，新叶翠绿，老叶墨绿，质厚，有光泽；成叶长 16.1~17.2 厘米，宽 7.8~8.2

厘米，大叶长 20.5 厘米，宽 10.2 厘米；叶片多数向下成 45°角斜生，有的披斜，有的略向下近水平状伸展；蜜腺 2 个，中大，长肾形，红紫色，前后错落排列。

评价：果个大，味香甜，色浓形美，早产早丰，极耐贮运，抗寒性强，可以概括为红、大、香、韧加抗寒，综合性状优于红灯、美早、萨米脱，为早熟、优质、抗寒新品种，可全面推广。

（三）酸樱桃及其名优品种

酸樱桃又叫欧洲酸樱桃，起源于里海沿岸到土耳其伊斯坦布尔、瑞士的西亚得里亚海至黑海一带，以后迅速传遍欧洲。欧洲主要生产国有俄罗斯、匈牙利、波兰、比利时和丹麦等。

在世界大樱桃中，酸樱桃占有很大的比重，其品种约占70%；总产 125.5 万吨，占 54.5%。美国大樱桃总产 16.4 万吨，酸樱桃 8.53 万吨，占 52%；俄罗斯大樱桃产区农民的房前屋后、大街路旁以及静静的顿河边，都能看到鲜红亮丽的酸樱桃。大樱桃产量越多的国家越注重发展酸樱桃。我国只有山东烟台和新疆有少量栽培，优良品种几乎是空白。原有品种果个都小，品质也差，单果重只有 2~3 克。

酸樱桃具有以下五个方面特点。

（1）树体矮小，容易管理。酸樱桃为矮小的乔木或灌木，干性弱，层性不明显，一般呈小半圆形、圆头形、丛状形。树高 2~2.5 米，冠径 2~3 米，十分便于管理。但也有的品种自然生长树高达 10 米。酸樱桃树姿俊秀，花朵繁盛漂亮，果实艳丽，玲珑诱人，是园林绿化、庭院果业的良好树种。

（2）酸香味独特，别具一格。酸樱桃有一种独特的酸香味，营养丰富，是加工高档制品的原料。甘甜不如香甜，纯酸莫如香酸，酸樱桃虽酸犹甜，酸而清香，营养丰富。山东省果树研究所分析，每 100 克果肉中含糖 8.6 克，主要是果糖和葡萄糖，滴定酸 0.84 克，蛋白质 1.03 克，维生素 C16.2 毫克，磷 24.6 毫克，钾 165 毫克，铁 0.37 毫克。核仁含油 35%，可制肥皂；树皮含 5%~7% 的单宁。酸樱桃含柠檬酸较多，所以水果加工用酸樱桃汁做添加剂，不用加柠檬酸，品质也会更好。酸樱桃果实除少量鲜食外，最适于加工，可制作果汁、果酒、果脯、果酱、果陈、罐头、糖馇果品、冷冻馅饼、蜜饯、冰淇淋、配料等。酸樱桃还有药用价值，根、枝、叶、核、果实均可入药。果实有调中益脾、养气活血、平肝去热的功效和促进血红蛋白再生的作用。

(3) 结果早，极丰产，高产稳产。酸樱桃的芽早熟性强，1 年生枝上几乎所有的叶芽都能萌发，其萌发力、成枝力极强，容易形成二次枝，苗圃中 1 年生苗可分枝 5~15 个，非常容易进行圃内整形，有利于幼树迅速成形和花芽的早形成；分枝多，枝量大，容易形成大量中、短果枝；而且由于树冠小，树姿开张，光照好，叶片中小、黑绿、厚亮，所以光合速率高于桃树，相当于苹果，积累养分多，使树体健壮，枝条成棒，花芽饱满；结果早，极丰产，一般 2、3 年见果，4、5 丰产，经济结果年限 15~20 年；其结果状况非常喜人，极具观赏性，一树树成球成串，鲜红一片。

(4) 抗逆性强，适应范围广。酸樱桃喜温而耐寒，适于年平均气温 10~20℃ 的地区栽培，又可耐 -34℃~-40℃ 低温，极抗寒。在 -25~-33℃ 的条件下，甜樱桃苗木冻死 26.8%~88%，酸樱桃只有 17%~30%。在我国长江以北、辽宁的沈阳以南都可以栽植。据观察，酸樱桃花芽在日平均温度达到 10℃ 时开始萌动，15℃ 以上开花，20~25℃ 果实成熟，20℃ 左右新梢生长最快，5℃ 时开始落叶。果实成熟期平均气温 19.4℃ 左右，含糖量高、果个大。休眠时间比甜樱桃长，一般在 7℃ 以下需冷时间为 1051~1889 小时。酸樱桃花期较晚，不易遭晚霜危害。酸樱桃适于土层深厚、透气性好、保水力强的沙壤土和砾质壤土，但也适于黏土栽培，而且抗旱、耐瘠薄。如果是实生繁殖，主根粗、细长根多、根系发达，抗旱耐瘠薄能力更强。适宜的年降雨量为400~600毫米。抗病虫，抗裂果；抗逆性强，树体安全，产量保证，既适于大面积发展，又可在庭院栽植。

（5）酸樱桃自花结实，可不配授粉树，但有授粉树坐果更好。酸樱桃繁殖容易，可用根蘖繁殖、种子实生繁殖和嫁接繁殖。种子繁殖，发芽率高，出苗多，如果用作甜樱桃砧木，亲和力强，嫁接成活率高。

酸樱桃优良品种如下。

1. 希望果

俄罗斯品种。树体中壮，树冠矮小、圆头形，树势中庸。3年生树高2.1米，冠径1.5米；萌芽率高，成枝力极强，分枝多而开张；枝条短、壮、硬，中小枝多，极易成花，2厘米以下短枝形成花簇，中、长果枝基部成花，顶芽下也形成2~3个花芽，有的除顶芽外全是花芽；叶片中小、浓绿、厚亮；早产早丰，2年见果，4年丰产；抗病力强，极抗寒，可耐-34℃；果实宽肾形，深红色，亮丽，充分成熟后紫红色；果肉较硬、多汁、酸香味浓；原产地单果重7克；含可溶性固形物16.19%，6月中下旬成熟，品质上；适于加工，也可鲜食。其特点可以概括为：红大、鲜亮、酸香、耐寒。

2. 41-47

俄罗斯品种，亲本为美国北方之星×瓦列里伊契卡洛夫。树体中大，树势中庸；分枝较多、中壮、硬、平斜开张；果实卵圆形、鲜红色、亮丽，有酸香味，略酸，品质上；原产地单果重7克；极丰产，结果成球；抗病、抗寒力强，可耐-37℃；原产地6月下旬至7月上旬成熟；适于加工、鲜食。

3. 火炬果

俄罗斯品种。树体中小，树势中庸；分枝多，中壮，开张，幼树上部分枝较长而且粗壮，内膛枝中细平斜；枝的中后部常突发中、长枝；萌芽率高，成枝力强，易成花，花量大，早花早果；中短截成枝60%以上，枝较长；缓放中、长枝，上端分枝1~6个，中后部芽全萌发，分枝上部有花芽，中、前部1~5厘米短枝上都成花；较细弱的中、长枝缓放，可形成一串叶丛状花芽，3~5个花芽一簇；5~10厘米短枝缓放，除基部两三个潜伏芽外，全缓成花束状短果枝；当年中、长、小枝前端形成3~5个花芽，平斜中细枝和超长枝前端也成花；果实卵圆形，鲜红色，光亮；味香酸，原产地单果重6克；品质上，极丰产，结果成球，红似火炬；抗病耐寒，耐-34℃；原产地6月下旬成熟；适于加工，也可鲜食。

4. 捷尔连达

又叫灯笼串，俄罗斯品种。树体中小，树势中庸，分枝较多、较粗壮、平斜开张；萌芽力较强，成枝力中等，内膛中细枝少、平斜，不易郁闭；当年分生的5厘米以下小枝易成花，中、长枝顶部多有花芽；果实圆形，深红色，鲜艳亮丽，果肉较硬，汁多，味酸香，品质上，原产地单果重6克；极丰产，结果成串，似灯笼串，6月下旬成熟；抗寒力强，耐-34℃，适于加工，也宜鲜食。

5. 瓦维洛夫

俄罗斯品种。树体较高大，幼树直立强旺，分枝长，粗壮，直立；萌芽力较强，成枝力一般；顶端优势明显，短截和缓放后顶部抽枝均较直立、长大、强旺；内膛枝也较直立，成花较晚；果实宽肾形，紫红色，亮丽；果肉硬，汁多，味香酸，品质上；原产地单果重6~7克；抗寒力强，耐-34℃；丰产，原产地6月下旬成熟；适于加工和鲜食；应注意拉枝开角，通风透光。

6. 格辽果

树体中大，树势中庸，萌芽率高，成枝力极强，分枝极多而中细，树冠容易郁闭。缓放中、长枝，前部大量分枝，有的除基部3~5个芽外全都成枝，中后部分枝比其他品种多，且与上部分枝长、粗相近；叶丛短枝少，内膛枝细弱、平斜，枝上花少；细枝缓放，中下部可形成花束状果枝，但比火炬果少；当年分生的 5 厘米以下的小枝有花芽；果实近圆形，鲜红至紫红色，汁多，味较酸；原产地单果重 5~6 克，含 32 种营养成分，丰产，极抗寒，耐-40℃低温；6 月下旬成熟，为极抗寒加工品种。

7. 屠格涅夫

俄罗斯品种。树体中小，树势中庸，分枝多而开张；果实卵圆形，紫红色，有光泽，味酸香，原产地单果重 6 克，极丰产，抗寒抗病，可耐-34℃；6 月中下旬成熟。

8. 蒙特莫伦斯

起源于法国，是美国主要的酸樱桃品种。树势中庸，树姿直立，分枝较多；修剪时要开张树冠，改善光照。花期中晚，68% 的果实着生在 1 年生枝条上，部分自花授粉，座果率 20.1%~35.4%，结果早，丰产；果实扁球形，鲜红色，单果重 6.1 克；果肉较硬，黄白色，果汁清醇，略酸，含可溶性固形物 11%，风味好，适于加工；比那翁晚熟 10 天，对真菌病、病毒病较敏感，春寒时常受伤害。

9. 夏特毛里拉

德国最重要的酸樱桃品种。树势中庸，树冠圆球形；花期晚，成熟期比那翁晚 13 天；果实中大，扁球形，红色至深红色；果肉红色、较硬、略酸，适于加工；可自花授粉，但异花授粉座果率高；易感果腐病。

10. 哈塔梅戈

起源于匈牙利，为意大利有希望的品种之一。树势中庸偏旺，花期中晚，丰产；果实中大，扁球形，深红色；果肉较硬，深红，味酸；果汁颜色不浓，含糖量中等偏高，适于加工；比蒙特莫伦斯早熟 4 天。

二、优良砧木

（一）当前应用较多的优良砧木

1. 山樱桃

又叫乌苏里山樱、本溪山樱、稠李子、山水桃、单瓣野樱花，广泛分布在辽宁本溪、凤城、宽甸、新宾，吉林东部，黑龙江宁安、东宁、绥芬河，还有河北、安徽、江苏、浙江、贵州以及朝鲜和俄罗斯远东地区。山樱桃在辽宁大连、河北、北京等地应用最多，是比较优秀的主体砧木，也是日本的主要砧木。它首先被发现与应用在本溪，因此也称本溪山樱。

山樱桃为高大乔木，树高 10~25 米；生长健壮，树冠半开张；树皮平滑、横生，深栗褐色；果实多卵球形，红色、紫红色至黑色；6 月中旬至 7 月上旬成熟。山樱桃因自然变异而有许多变种变形。果实有大有小，有甜、酸和苦涩之别；有高产稳产和结果稀疏之分；枝条有软有硬。果个大、长圆形、粉红至紫红色、偏酸、枝条较软的，嫁接亲和力强，"小脚"轻；果个小、圆形、深红至紫黑色、偏甜、枝条较硬的，"小脚"重。

山樱桃适应性强，极抗寒，在 -40℃左右的黑龙江东北部和

俄罗斯远东地区能正常生长；根系发达，主根粗壮，侧根多，须根多，细长根多，分布深，吸收量大，抗干旱、抗风能力强，固地性好；生长快，树体强健，不易衰败，

经济寿命长；早产早丰，高产稳产；用种子繁殖，快而容易，砧苗生长迅速，不论是直播或畦苗移栽，当年都可嫁接，且因种源广而充足，可以大批育苗；亲和力强，嫁接成活率高，一般可以达到 90%，育苗成本低；根瘤病相对比较不重。

山樱砧木的缺点有二：一是有小脚病，但只要选用大粒种子或在砧木的近地表处嫁接，就可以克服；二是有根瘤病，少时占 0.1%，多时占 20%。现已选出"山樱 1 号"砧木，主根发达，固地性更好。

山樱桃为大樱桃广谱性优良砧木，在我国北方和南方各大樱桃产区广泛应用，并成为北方大樱桃的主要砧木，生产应用表现良好。

2. 马哈利樱桃

原产欧洲中部和西亚，是欧美各国广泛采用的甜、酸大樱桃的砧木。我国自 20 世纪 80 年代中叶引入，生产上应用的主要是矮生马哈利。马哈利樱桃为灌木或小乔木、乔木，乔木高达 10 米，主干矮，分枝多，树冠开张。新梢有较密的短茸毛。果球形，直径约 6 毫米，鲜红至黑紫色，不能食用。果实 7 月上中旬成熟。华北各地引种栽培，辽宁大连地区零星栽培。

马哈利樱桃根系发达，耐旱，固地性较好，抗风能力强，不易倒伏；较适于轻壤土栽植，在黏重土中生长不良；适于平肥地而不适于山薄地。马哈利抗寒能力较强，但不如山樱桃。在 -34℃ 气温下不易受冻，在 -16℃ 的土温中有冻害而不致死亡。幼龄树易抽条。马哈利樱桃用种子繁殖，出芽率高，砧苗生长旺盛，播种当年即可嫁接。但由于马哈利砧苗皮薄，大樱桃皮厚，形成层难以对接，亲和力差，成活率只有 27%~36%。若能抓住最佳嫁接时期，如辽宁大连地区在春季砧木芽"露白"时、夏秋季在 7 月底至 8 月上中旬进行带木质芽接，成活率依然可以达到 90% 左右。乔砧马哈利嫁接时砧木留得高一些或采用矮生型马哈利做砧木，有一定矮化作用，树冠要小于马扎德矮砧，结果早、产量高、果个大。马哈利幼树根系中，粗、细根比例适宜，植株生长健壮；成龄后细根大量减少，以粗根为主，树势缓和，半开张，逐渐转衰，大量结果后树势极易衰弱，甚至死树，寿命短，特别是在山地。马哈利有根瘤病，但较少。

马哈利樱桃的缺点是：结果后易早衰，经济寿命短；种源少，亲和力较差，难以批量生产；在北京地区萌芽晚，越冬后易抽条；山薄地不宜栽植；绿苗，移栽易打蔫，在北方冬季不培土则干枯。

马哈利樱桃为大樱桃的优良砧木之一，各地都有少量应用，在平肥地栽植表现良好。但山薄地和易抽条的地区不宜采用。用马哈利做砧木的结果树要增加肥水，精细剪截，更新复壮。

3. 大叶草樱

又叫大青叶，是草樱桃的一种类型，属中国樱桃，为山东烟台地区常用的一种优良砧木。丛状灌木或小乔木，树势强健，树姿开张；干性强，树干暗灰色，分枝较少，较直立，似杨树，枝条粗壮，节间长，光滑，上下粗度相近；主根不发达，细根多，但细根中毛根少粗根多，根系分布浅，水平伸展，固地性差，但比中叶和小叶草樱分布深，固地性也较好一些；分生根蘖能力极强，有气生根，压条分株繁殖易成活，嫁接亲和力强，成活率可达95%左右。嫁接苗长势健旺，树冠扩大快，寿命较长。扦插不易成活。种子主要来源于山东，出苗率高，但实生苗抗病力弱，病毒病较重。

大叶草樱自花结实能力强，较耐涝，也耐旱；不抗寒，在北方易冻死；根浅固地性差，遇大风雨易倒伏。最适于沙壤土或砾质壤土，在黏重土中，7、8年生刚进入盛果期时嫁接部易流胶，严重时会死树。在辽宁南部地区、河北等地有抽条现象。大叶草樱根瘤病少，也无"小脚"现象。为加强根系的固地性，可于砧苗地上部10~20厘米处嫁接，提高嫁接部位，深栽定植，促生根蘖、增加根量，以提高其固地能力。

大叶草樱的缺点是：肉质根不耐寒，固地性差易倒伏，局部地区抽条重，接口易流胶，资源有限，在草樱桃中多为中叶和小叶草樱，大叶草樱较少，不易实现批量生产。

大叶草樱是山东等气候温暖地区的一种优良砧木，冬季较冷的北方不能应用。

草樱桃中还有比较相近的中叶草樱和小叶草樱，不能用小叶草樱做砧木。

（二）应用较少和不宜采用的砧木

1. 吉赛拉 5 号

德国 1965 年用原产中国的灰毛叶樱桃做父本、欧洲酸樱桃为母本杂交，1991 年选出的吉赛拉系列有价值的 5、6、7、9、11、12 号中最好的一种。其特点是小乔木，树势强旺，树体中小；幼树生长快，萌芽率、成枝力极高，分枝特多，枝条直立粗壮或平斜细长，树冠郁闭；易成花，花量特大；为三倍体，结果特少；适于组培繁殖。根系发达，适于各种土壤，非常适于黏重土；抗寒性优于马扎德和寇尔特，较抗根瘤病和多种病毒病以及细菌性溃疡病；中等耐水，嫁接亲和力强；有矮化作用，树体为标准乔砧的 30%~60%，早产早丰。我国已少量试用。

2. 寇尔特

又译成考特，是英国东茂林试验站用甜樱桃与中国樱桃杂交育成，为半矮化砧木。根系发达，易生根蘖，抗风力强；沙盘绿枝扦插、组织培养、压条、分株繁殖容易；嫁接亲和力强；花芽分化早，早产早丰。但不抗寒，在辽宁大连等地砧苗地上部分冬季冻死，下年再发；

根瘤病严重，几乎 100%；抗旱性差，不适于背阴、干燥、无灌水条件和黏重土中栽植。在山东中部地区可适量应用，在其他地区特别是辽宁大连与河北等地不能采用。

3. 马扎德

为野生甜樱桃，乔砧，产于西欧。树体高大，圆锥形，树势强旺。果实小，黑色，苦涩，不能食用。用种子繁殖，砧苗生长旺，与大樱桃嫁接亲和力强。成树高大，长寿，高产。根系发达，较耐瘠薄，在黏重土上反应良好，较耐寒，抗根腐病。主要缺点是树冠大，进入盛果期晚，根系浅，易患根瘤病、树脂病和枝枯病。只能少量试用。

4. 莱阳矮樱

草樱桃的自然变种，属中国樱桃，产于山东莱阳。树体紧凑、矮小，为草樱树冠的 2/3；树势中强，枝条直立，节间较短；根系较发达，固地性强；嫁接亲和力强，成活率高；结果早，产量高。但"小脚病"严重，砧、穗粗细相差太大，随树龄增大矮化效果不明显，有病毒病，抗寒性差。不论露地和大棚均不宜采用。

5. 酸樱桃

嫁接亲和力较强，且有矮化作用，有的有"小脚"现象。易生根蘖，影响树势，不便管理；对土壤要求不高，耐寒力强，较耐干旱。其中应用较多的毛把酸是欧洲酸樱桃的一个品种，灌木或小乔木，树势中强，树冠矮小；种子发芽率高，根系发达，固地性强；实生苗主根粗，细根少，须根少且短。嫁接树生长健壮，树体高大，属乔砧。丰产，长寿，不易倒伏，耐寒；喜沙壤土，在黏重土上生长矮小且易感根瘤病。为山东烟台地区大樱桃的主要砧木之一，其他地区尚很少采用。

三、甜樱桃的生态条件

（一）气候条件

甜樱桃对气候条件要求较特殊，喜温暖不耐寒，要在气候温和，早春气温变化不剧烈，夏季凉爽干燥、光照充足、温暖期不过长，冬季不太冷，特别是受海洋性气候影响的地区发展甜樱桃。栽植区北界，要在小气候好的地块建园。气候条件是一个地区露地能否栽植甜樱桃的决定因素，其中包括：年平均气温，生长季节平均气温、积温，秋冬变温幅度与时期，即寒流出现的早晚与强度，冬季最低温度及其出现与持续的时间，春季气温变化剧烈程度、是否有晚霜冻、倒春寒，夏季高温值，还有风灾、雹灾等。

甜樱桃适宜的气候条件是：年平均气温 10℃（7~12℃）左右，欧美等世界大樱桃栽培地区一般年平均气温为 13~14℃，俄罗斯抗寒甜樱桃重点产区年均气温 6.7℃；一年中日均气温高于 10℃的时间为 150~200 天；4~7 月平均气温为 18℃。开花期12.6~15℃，温度过高会引起徒长、病虫害加重、果品质量下降。萌芽期适温 7.4~10℃，开花期 12.6~15℃，果实成熟期 20℃左右（18~22℃）；有效积温 3000~3700℃，其中果实发育期需有效积温 200~300℃；打破休眠需冷时间：0℃以下甜樱桃需 862小时、酸樱桃需 1272 小时，7.2℃以下甜樱桃需 733~1440 小时、酸樱桃需 2560~2787 小时；最低温度，一般认为冬季临界温度为-20℃，当气温降至-20℃时即有冻害发生，-25℃时冻害严重，但实践证明这个指标不是产生冻害的唯一限制因素。2001 年 1 月辽宁瓦房店市最低气温-28.3℃，桃树成批死亡，甜樱桃很少冻死；俄罗斯主产区最低气温-34℃，甜樱桃正常生长。所以-20℃不是绝对临界温度。低温出现得早，树体尚未深休眠，持续时间又长，冻害重；低温出现得晚，树体已打破休眠，冻害也重；低温出现在寒冬，树体深休眠，冻害则轻。不同的器官和组织，发生冻害的临界温度明显不同。根系，在晚秋地温-8℃以下，冬季-10℃、早春-7℃以下会遭冻害；花蕾着色期，气温-5.5~1.7℃发生冻害，-3℃，4小时会全部冻死；开花和幼果期，-2.8~1.1℃发生冻害。同样低温，下降速度快慢对树体影响明显不同，如花芽，当气温缓慢降至-20℃时有3%~5%受冻，急剧降到-20℃时则有96%~98%受冻；变温幅度大则冻害重，1997年11月15日气温最高15℃，16日晚-15℃，大风雪，温度突然下降30℃，辽宁大连与山东地区的大樱桃冻害都十分严重。要特别强调的是，大樱桃萌动早开花早，最易遭倒春寒、晚霜冻危害。春季天气变化无常，2001年3月27日降雪降温，山东烟台至泰安花芽受冻，减产约50%。

大风和沙尘损伤更大。如果只是短期霜冻还可以预防，要是晚霜加大风沙尘，就不易战胜，如甘肃兰州冬季低温仅-15℃左右，只看气温完全可以栽植大樱桃，但因有晚霜和大风沙尘损毁花器，花而不果，发展大樱桃就很难。大樱桃为浅根果树，垂直根不发达，水平根长，须根多，主根少，固地性最差；树冠大易招风，叶片大而薄易撕裂，所以最不抗风。一场大风刮来，叶片破碎，花瓣柔烂，树体倒伏，损伤严重。严冬大风会使冻害加剧，早春大风会加重抽条和花芽冻害，花期干热风会吹干柱头，缩短花期，影响坐果，夏秋台风会倒株死树。风雨交加的夏季，土壤水分饱和，大风将树冠摇来摇去，使根颈处土壤形成杯状，折根伤树，轻者倒伏，重者拔起。

大樱桃是喜光植物，光照是十分重要的生态条件，其中甜樱桃比酸樱桃对光照的要求更强。适宜的年日照时间是2600~2900小时。光照差时，外强中弱，枝条细瘦，花芽不充实，减产降质。

（二）土壤条件

大樱桃适宜在土质疏松、透气性好、保水保肥能力强、排水良好、土层较厚的沙壤土、轻壤土、砾质壤土栽培。辽宁南部地区最好的土壤是风化酥石土、火石子土。适宜的土壤 pH 为 6.0~7.5，地下水位在 1 米以下。涝洼地、盐碱地不行。大樱桃耐盐碱能力差，土壤含盐量超过 0.1% 的地块不宜栽植。黏重土壤，易积水内涝，透气性极差，不利于根系发育。有的黄黏土含有小石子，栽植大樱桃也表现良好。大樱桃根系 80% 分布在距地表 20~40 厘米的土层中，根浅易倒伏，所以土层要深，要引根深入，提高固地性。活土层厚度至少要 40~60 厘米，土层薄的要放窝疏通或修台田栽植；水位较高的要强化排水和修台田。

大樱桃根系呼吸量大，土壤缺氧会使其窒息甚至死树。所以要选择疏松透气、保水保肥、中性或微酸性的丘陵坡地建园。泻涝地、狼屎泥、铁板沙土、底土为死黏硬板层的不宜建园，若想栽植，必须改良。

大樱桃易感染根瘤病，老樱桃、桃、李、杏等核果果园，土中病菌和线虫多，不宜栽植大樱桃，更不能育苗，至少要倒茬 3 年后才能栽植。实在要栽，必须客土。建园时，还应防止土壤污染，在工矿区附近和城郊必须注重这个问题。土壤中有害物质含量（毫克/千克）不得超过：铜 120、汞 0.30、砷 20、铅 50、铬 120、镉 0.30。

（三）水分与水源条件

大樱桃木质部导管较粗，吸水量大；叶片大而薄、蜡质少，枝干皮孔大，枝叶繁茂，蒸发量大，根系分布又浅。所以，需水量大，但也不耐涝，缺水或水过多都有不良反应。适宜的年降雨量为 600~800 毫米。世界绝大多数大樱桃主产地分布在滨海或距大水系较近的地区，这里降雨量中等，空气湿润，气候变化小，有利于大樱桃的生长发育。雨量较少，温度适宜，光照充足的地方，靠灌溉来满足大樱桃对水分的需要。甜樱桃对缺水的反应比酸樱桃敏感，当沙壤土与壤土含水量下降到7%时叶片萎蔫，到10%时地上部分停止生长，果实硬核期下降到11%~12%时会出现大量旱黄落果。坐果后过于干旱，果实发育不良，品质下降。

樱桃不离水，但又怕水。土壤湿度过大或积水时，树体生长衰弱，产量下降。土壤黏重、板结、淹水，因缺氧而不能正常呼吸，则影响树体生长，导致流胶、根腐，甚至死树。5、6年生幼树淹水两天，叶片萎蔫而不落，甚至大批死树。水多旺长，也易遭冻害。

大樱桃正常生长发育需要一定的大气湿度，但高温多湿又易导致徒长，成花不良，病害严重。果实成熟前突遇大雨，会造成裂果。

大樱桃对水分的需求，在生育前期较少。随着叶面积的迅速扩大和果实的发育，需求量越来越大，果实硬核末期（落花开始后的22~23天）需水量最大。这一时期干旱缺水就要大量落果。

大樱桃对水分状况敏感，园地必须有充足的水源和灌溉条件，还要有有效的排水措施，旱能灌，涝能排。同时，在选择水源时必须注意水质，防止水中有毒物质如酸、碱、油、苯、有害金属等污染。

（四）地形、地势条件

地形、地势会营造小气候，影响气候条件，所以在选择园址时一定要考虑坡度、坡向、海拔高度。一般3°~15°的缓坡丘陵地适于大樱桃栽培。因为这样的地块管理作业方便，通风透光条件比平地好，土温比平地高，排水容易，空气湿度小，病虫害较少，果实含糖量高，色泽深浓艳丽，质量好，耐贮运。地势较高的山半腰向阳地块栽植大樱桃效果更好，这里背风向阳，早春气温回升早，萌芽早，无晚霜，光照足，果品质量好。大樱桃栽培，坡地比平地好，但平地同样可以栽植。一般认为，山前怀窝风向阳栽植大樱桃好，但北方产区许多生产实践证明，在北坡建园要优于南坡。北坡冬季阳面树皮昼夜温度波动小，不易一冻一化，日灼与冻害轻，而且北坡春季升温慢、萌动迟，形成层活动晚，可以躲过晚霜或倒春寒的危害。

四、栽树建园

（一）建园要求

（1）长远规划，全面设计。要经济利用土地，方便作业，排灌系统、作业道、防护林、打药设施等合理布局，并要适于机械作业。

（2）因地制宜，适地适栽，适当集中，发挥地区优势。在最适宜生长发育的地区即最佳生态区发展，形成大面积商品生产基地和规模效益，并兼顾鲜食、加工和远销的需要。在积极发展甜樱桃的同时，大力开发酸樱桃，与国际接轨。

（3）预防环境污染。要实现无公害生产，确保果品质量与产量。

（4）符合现代化生产要求。采用"良种、良砧、良法"，立足提高单产，便于更新换代，打造家庭袖珍小康园、示范园、高新园区，实现早产、早丰、优质、高产、稳产、低成本的目的。

（二）适栽地块

在气候条件适宜的地区，只要不涝、无盐碱、不黏重的地块都可以建园。实在没地，对这些地块进行改造后也可以栽树。但最适宜的还是透气性强、排水良好、有机质含量高、保肥保水力强、pH6~7.5 的土壤，如山地火石子土、酥石土、壤土、沙壤土以及拌有小石子的黄黏土。坡太陡、无水源、大风口和易遭霜害的地块不应建园。

（三）科学定植

1. 栽植设计

（1）株行距

因长势、砧木、土壤、肥水、整形的不同而不同。乔砧、长势强、肥水足、大冠形的株行距大，反之则小。土层深厚、地力好的地块，采用小冠形的株行距为 3 米×4 米、4 米×5 米，大冠形的 5 米×6 米，纺锤形的 2 米×4 米。土层较薄、地力较差的地块，小冠形的株行距为 2 米×4 米或 3 米×4 米，大冠形的 4 米×5 米，纺锤形的 2 米×3 米或 2 米×4 米。

（2）配置形式

适宜的形式，可以充分利用土地、光照，便于作业和抵御不良自然环境的影响，是组成丰产群体结构的重要一环。主要有以下形式。

①长方形：株距小行距大，通风透光好，管理方便，生产应用多，适于平地。一般不采用正方形。

②三角形：单位面积内株数多，生长均匀。但只能纵向耕作，横向不方便。在较宽的梯田面上，栽一行嫌宽、栽两行嫌窄时，采用三角形栽植；平地也可采用。

③等高栽植：适于山地梯田、撩壕、鱼鳞坑等栽植。保持一定株距，行距随地形而变化。只栽 1 行的梯田，树的位置要在距梯田面外沿 1/3 的厚土层处。

④加密栽植：为早期丰产或降低管理费用，先加密后移出。如，先 1.5 米×2 米，后隔 1 行去 1 行，余下 1 行隔株去 1 株，

变成 3 米×4 米。

⑤高矮间植：高冠和矮冠品种相互配置，一行高一行矮或一行高两行矮。

生产中以长方形为好，行距要大于株距 1~2 米，平地要南北行，山地要沿梯田走向栽植。

(3) 配足授粉树

最好的授粉品种有佳红、美早、萨米脱、含香、红灯、先锋、拉宾斯、斯坦勒、瓦列里伊契卡洛夫等，不应采用果个小、卖价低的品种，如红蜜、红艳等做授粉树。

2. 栽树

(1) 什么时候栽树好

一般为春、秋两季。这时苗木休眠，贮存养分多，蒸发量小，根系容易恢复，成活率高。春栽，化冻后到苗木芽萌动时进行，芽刚膨大时栽植成活率高。北方产区多春栽，一般于清明前后进行。秋栽，落叶后到上冻前进行。起苗后马上栽植，根系可在结冻前愈合，春天能及时萌发，也不用贮苗。冬季较温暖、风沙小和春旱严重的地区秋栽好；冬季较寒冷、风沙较大、无霜期较短、秋栽后易风干、冬天畜牧毁坏重的地区不能秋栽。

(2) 怎样栽树活得多

大樱桃树很容易栽活，即使是结果大树也可以成活，只是需要架杆，防止大风刮倒。要保栽保活，必须做到以下几点。

①栽壮苗。壮苗主要表现在根系发达，须根多，茎杆粗壮，不徒长和定干以下部位芽子饱满。大樱桃苗不是越高越好，1.2 米以上的苗木，饱满芽都在上面，定干后全被剪掉，留下的则是不饱满芽，苗高一般以 1 米左右为好。定植时，要分级分片，以保持果园的整齐度。

②栽前保持主根和须根鲜活、完好，茎杆不风干。如果根系已风干、枯死、长毛发霉或半风干、部分发霉等，都无法栽

活或成活很少。外购苗木，起苗后应立即包装好，防日晒，防风干，防失水，尽量缩短运输时间，最好选阴天发运。运回后立即栽植，一时栽不完的要埋在背阴处。冬贮苗木，要预防晚秋或春天回暖时根系发霉和抽梢。

③栽树坑要大，要早挖。春栽苗应在去秋挖坑，使底土有充分时间熟化，并可以积水积雪，沉实保墒，防止风干；秋栽要在夏季挖坑。树坑一般为直径1米、深0.6~0.8米，上下一般大，表土与底土分别堆放；密植树可挖通沟；山地可按行距等高线挖水平沟。回填时，先填表土、草皮土或加入腐熟有机质、引根肥，再回填底土。

④栽前处理。第一，浸根：将苗根浸在清水里2~14小时，使苗木充分吸水，根系恢复到新鲜状态；第二，剪根：剪除劈伤、发霉、有病虫害的根，伤口要小，剪的不能太多；第三，蘸根：用多菌灵500倍液或甲基托布津1000倍液蘸根，预防病菌感染；第四，蘸泥浆：将苗根在泥浆中蘸一下，裹上泥浆再栽，有利于根土结合。

⑤按要求定植。先在定植点挖约30厘米深树坑，于坑中做成中间略高的馒头形，然后把苗放进去，使根系自然舒展在馒头状的土面上，再用目测调整苗的位置，使前后左右的苗木成行对齐，就可以培土。边培土边轻提摇动树苗，使土粒落入根群的间隙中，随即用脚踩实，并继续培土踩实，到比地面稍低时，做成树盘，浇足水使土壤沉实。水渗下后，在苗的基部培一土堆。栽植深度，以土沉下后接口与地面相平或略低为好。

（3）栽大苗早产早丰

栽1年生苗，根系小，不易缓苗，很快就发挥了幼树生长旺盛的特性，长势强结果晚，成园也晚。栽3~5年生大苗（小树），比定植1年生苗的同龄树显示出许多优点。一是大苗根系发达，容易成活，整齐度好；二是栽大苗，就是栽小树，小树生长正旺，断根定植，缓和生长，起到了由旺转弱、由生长转向结果、早成花早结果，使幼树不幼的作用；三是栽小树，既可经济利用土地，节省前期管理费用，又可使果园建成的年限缩短 3~5 年。

五、科学管理

大樱桃的土、肥、水管理可以概括为放通窝、勤松土、巧施肥、供足水。

（一）改土

现有果园大部分土质薄、结构差、有机质少。据调查，辽宁瓦房店地区土壤有机质含量仅为 1% 左右，土层一般为 30~40 厘米，熟化度低，保水保肥能力低。而大樱桃树的正常生长发育需要土壤较深厚、疏松、肥沃三个基本条件，创造这三个条件应采取如下措施。

1. 放树窝

放树窝一般在秋季或结合秋施肥进行为好。这时枝叶生长放慢，养分开始回流积累，根系出现生长高峰，伤根易愈合，也易发新根。放窝后，经过冬春雪雨风化，可以保墒和熟化土壤。也可以于早春和夏季 6 月放窝。早春化冻后及早进行，这时地上部尚处于休眠期，根系刚开始活动，伤根也易愈合，但必须结合灌水。6 月放窝，必须少伤根且注意排水，防止灌包。放树窝的方法如下：

（1）新建园，要先放窝后栽树，树窝深度 60~80 厘米，宽 80~100 厘米，同时进行土壤改良。

（2）环形扩穴。从栽树时挖的树坑的外圈，逐年或隔年按树冠大小向外扩大，挖一圈深 60~80 厘米的环形沟，直到全园放通为止。

（3）隔行宽沟深翻。先隔行深翻，深度 60~80 厘米，宽以挖到原栽植坑为限，把这一行间放通，下一次再把没翻的一行放通。

（4）隔株放窝。只栽一行的窄面梯田，行间无法深翻，可先在一个株间放窝，相隔株间下次进行。

（5）梯田内侧深翻。山坡较陡，梯田面又较窄时，在梯田内侧沿梯田壁基部挖一条沟，一次翻松内侧黏硬的土层，倒出石块。

（6）对面深翻。一次先挖通果树行间或株间相对两面的硬土层，下次再挖通另外相对两面的土层。

（7）全面深翻。一次把栽植坑以外的土壤全部深翻完。

2．培土换土

（1）培土

土层薄的园地进行树盘或全园压土，加厚土层。晚秋、冬季和早春都可进行，但以秋、冬为好。这时培土，风化、沉实时间长，又可保温防冻、积雪保墒。培土前，先刨地松土，使新压的土易与原土融合。沙地压土，压土前不刨地，待春天再深刨。沙土压黏土，黏土压沙土，一般厚度为 5~10 厘米，以不超过根颈为宜。压草皮土，增加有机质；压酥石片，逐年风化发挥肥效并压住杂草。

（2）换土

沙土掺黏土，黏土掺沙土；土层薄石头多时，栽树前可以客土，栽植坑换上好土，并逐年进行全园客土。

3．深耕

为改善土壤通气和水分状况，促进根群发育，应年年深耕。树盘里，干周浅刨，外围深刨。秋季深刨，可不耙平，深度为 10~20 厘米，当年可生新根，增加养分吸收，促进土壤风化，消灭地下越冬害虫。春季深刨，在返浆期进行，一般刨 10~15 厘米深，并耙平保墒。

4．刨盘松土

树盘是大樱桃树的营养基地，不断地向树体供给水分、养分和空气。土壤紧实，通气不良，则妨碍根系生长。所以，必须保持树盘土壤疏松，一年刨树盘 3~5 次，深度为 5~10 厘米。松土可以切断土壤毛细管，减少水分蒸发，防止土壤返碱，提高通气性和地温，促进土壤微生物活动，加速难溶养分的分解，促进根系吸收。

刨盘松土的时间：开花前后中耕保墒，提高地温。春末深锄松土，提高座果率。雨季之前耕锄一次，消灭杂草于前期。雨后必锄，灌水后必锄。

5．树盘覆盖

（1）覆草

用野棵杂草、蒿秆秸秆、嫩枝落叶、绿肥作物，以及马粪、稻皮等铺覆树盘，厚度为 10~20 厘米，上面压一层土。为了防寒可在秋末覆盖，为了抗旱可在春季进行，为了防止返碱可在春天转暖时覆盖。覆盖物腐烂后，结合中耕或施基肥翻入土中。连年覆草，就可以变成海绵田。一年覆 20 厘米厚，年年上压，4 年翻一次，每年可提高土壤有机质 0.3%。且易于雨季追肥，把肥料撒在草上或把草拿开追施都可以。树盘覆草能保水防旱，稳定土温，增加有机质，保持土壤疏松，防杂草，避免风刮表土和水土流失。

（2）覆膜

用地膜或微地膜铺覆树盘，有保墒、增温、防虫、促使根系早吸收、防板结、抑制杂草、提高苗木成活率的作用。覆膜方法，新栽树苗，将塑料薄膜裁成 1 米见方，中心剪一圆孔，从树苗上端套下去，铺在树盘上，四周用土压住；大树，用两张整块塑料，以主干为中心顺行向对铺，中间对缝处重叠 5~10 厘米，用土压住；窄面梯田，以主干为中心，沿株间对缝铺覆。覆膜前，喷一次杀草剂，干旱时灌一次透水。提倡覆黑膜防草。

覆白膜，夏季地温过高、渗进雨水少，可用木棍将膜捅些小眼以渗入雨水，并覆土降温。

（3）覆膜加覆草

幼树，3月下旬至4月上旬覆上白地膜，距树干10厘米以外的周围，用小刀割十字口约10个，使雨水渗入根系集中区。6月高温干旱时在地膜上覆草，厚度约15厘米。这样就可以在早春气温低时提高地温，夏初气温高时降低地温，促进树体正常生长。

（二）巧施肥

1. 大樱桃树需肥特点

（1）集中前半期

大樱桃成熟早，从萌芽生长到果实成熟，都集中在生长季节的前半期，这一时期需要大量的营养物质，而且极为集中。

（2）两个营养阶段

在一年的生长发育中有两个营养阶段，具有营养过程的连续性和阶段性。

以利用树体贮藏养分为主的阶段：是从树液流动开始，到6月上中旬。树体的生根、萌芽、开花、展叶、发枝、坐果、嫩梢幼叶的生长、幼果的细胞分裂和落花20天之后的花芽分化、短枝和极短枝以及中长枝大部分的生长等，都要靠体内上年贮存养分的供给。贮存养分充足，春梢发育好，叶面积大，当年制造养分才能多。花芽中的性器官花粉粒和胚囊要在春天靠贮藏养分才能发育而成，贮存养分不足则影响受精和坐果。幼果细胞分裂期主要是果实纵径的伸长，依靠贮藏营养的供给，若不足，就会造成果个小、品质差、落果多、产量低。所以，增加树体贮藏营养是壮树、优质、高产的一项关键措施。

以利用树体当年制造养分为主的阶段：从春梢迅速生长结束和短枝上叶片长到固有大小时开始到落叶休眠为止。这个阶段，花芽分化、果实速长、营养贮藏也需要大量养分，这些养分来源于追肥与叶片的光合产物。此期，如营养水平低，对树势、产量和质量都有较大的影响，而且会影响当年和下一年，所以是追肥的重要时期。

(3) 两个营养转换期

第一个转换期是从以利用贮藏养分为主向以利用当年制造养分为主阶段的过渡时期。花芽分化、果实膨大正处在这一转换期。大樱桃花芽分化集中、迅速、果个增长期短，这一时期贮藏养分耗尽，新制造养分不足，青黄不接，就要严重影响成花和产量。第二个转换期是秋后落叶前将叶片中制造的养分回流到枝干、根系中贮存起来的时期，即营养从用于生长转向贮存的时期。贮存养分充足，第一个转换期开始晚结束早，否则相反。所以，除提高贮存水平外，还要加强早春的肥水管理，增加当年的同化养分，使两个阶段衔接起来。在第二个转换期之前，要保证叶片完好，延长光合时间，并要防止贪青徒长，减少消耗，以增加回流积累。

(4) 三个需肥年龄时期

1~3 年生幼树，为扩冠整形期，氮要适量，控氮减水，以防徒长抽条，并辅以磷、钾，氮、磷、钾比例为 1:1:1，而不是2:2:1；4~5 年生，为初果期，以有机肥和果树复合肥为主，减氮增磷补钾，抓好早秋施基肥和花前追肥，氮、磷、钾比例为1.5:2:1；6 年生以上，为盛果期，要增氮防衰，施多元素全肥，早秋施基肥，花前、果后再追肥，氮、磷、钾比例为 2:1:2。到衰老期为2:1:1。

(5) 年年要施肥

大樱桃树是多年生的，在一块园地要生长数十年，每年要从土壤中吸收大量养分，使土壤中一些营养元素缺乏或失衡，又不能像一年生作物那样轮作倒茬，根系的活动也影响土壤生物的群落。所以，任何一个果园，不论原来土壤怎样好，都必须年年施肥，及时补充已缺乏的元素。否则，一年树衰，几年恢复不起来。

2. 施肥一、二、三

大樱桃的施肥，可以概括为一次基肥，二次追肥，三次叶面肥。

一次基肥：8月中旬至9月中旬进行，以有机肥为主。幼树，每株约施猪圈粪15千克，或纯鸡粪5~10千克，适当加入果树专用复合肥0.25~0.5千克；初果期树，每株施猪圈粪100千克，或纯鸡粪20千克，加果树专用复合肥1~1.5千克；盛果期树，株施猪圈粪150千克，或纯鸡粪30千克，加果树专用复合肥1.5~2.5千克。

猪粪、鸡粪等有机肥必须腐熟，特别是鸡粪。基肥中，每株加入0.5~2.5千克充分发酵的饼或豆面，效果更好。基肥，以圈粪、秸秆肥、绿肥等有机肥为主，配合部分速效性肥料和饼肥、微肥，并一次施足。基肥是树体营养的最主要来源，是基础肥，其中各种营养元素含量应占全年总施用量的70%。为充分发挥肥效，可将各种肥料一起堆积腐熟，拌匀施入。

二次追肥：花前、果后两次追肥。开花前（3月下旬至4月中旬）追肥，以速效氮肥为主，配合磷肥。幼树，每株追尿素0.1~0.4千克，过磷酸钙0.25~0.5千克；结果树每株追果树专用肥1~1.5千克。这次追肥，是对早秋施基肥的补充，是坐果长枝肥。这时正是根系第一次生长和树体处于大量消耗的阶段，追上肥，可以解决贮藏营养不足和春季萌芽、开花消耗较多的矛盾，缩短第一个营养转换期，提高座果率，促进新梢生长和幼果发育。采后追肥，应在采收后立即进行，追果树专用肥0.5~1.5千克，或尿素0.25千克、过磷酸钙0.75千克、硫酸钾0.25千克。这次追肥，正是新梢接近停长、开始大量分化花芽的时期，是促花肥。另外，坐果较多的盛果期大树，在果实膨大期（5月中旬果实放黄时），可补追一次果树专用复合肥，每株 0.5~2 千克加尿素 0.5 千克，这叫长果肥。

三次叶面肥：盛花期喷一次，0.3%辽河尿素加 0.1%硼砂加 0.1%磷酸二氢钾液，以促进受精坐果。第二次，5 月下旬至 6 月初第一个营养转换期喷 0.2%尿素加 0.3%磷酸二氢钾。第三次，采收后，喷一次 0.4%磷酸二氢钾。叶面肥也可以增加次数，前期以氮素为主，后期以磷、钾为主。如 8—9 月喷 2 次 600~800 倍活力素；幼树展叶后可每隔 10 天喷一次 0.4%尿素，共 3 次；结果树坐果后可喷稀土 800~1000 倍液加 0.3%磷酸二氢钾，10~15 天一次，共 3 次；衰老树以喷 0.3%尿素为主。叶面肥简便易行、用肥量小、肥效快、利用率高，一般喷后 15 分钟到 2 小时即可被枝叶吸收，应成为常规措施与生产习惯，每次打药都要加上。喷施时要躲避高温和雨天，适宜气温为 18~25℃，高温的夏天在 8—10 时和下午 16 时以后进行；要细致、周到、均匀，叶正面背面都要喷到，但重点是背面，因为叶背面气孔多、海绵组织厚、细胞间隙多而大，吸收率高；要注意喷施不能重复，重喷等于浓度加倍，易出药害。喷后 4 小时下雨不用重喷，肥效可维持 15 天。叶面肥是追肥、施肥的补充和调剂，是"零嘴点心"、快补肥，不能代替基肥和追肥。

春季新栽树苗，土壤肥力一般或较差的，6 月下旬每株追施果树专用复合肥 0.1 千克，或追施 0.1 千克尿素，喷施磷酸二氢钾、活力素，早秋施基肥。

3. 土壤施肥方法

（1）环形沟施肥

在树冠外 20 厘米左右的地方，围绕树干挖一环形沟。施基肥，沟宽 30~50 厘米，深 40 厘米左右，避免挖断粗根，将肥料均匀撒在沟中，与土拌匀，再覆土；追肥，沟深 10 厘米左右，追施后覆土盖严。环形沟的位置，每年要随树冠的扩大而向外扩展。这种方法简便易行，但易伤根且施肥面积小，适于幼树和小冠树。树冠稳定的成年树不常用此法，常用会年年在同一位置开沟，上年施的肥料今年又扒出，使有机肥不能充分利用又挖断了大量的须根。

(2) 放射沟施肥

以树干为中心，大树从距树干 1 米、幼树从距树干 50~80 厘米处开始沿水平根生长方向向外挖放射状沟 4~6 条，沟距相等，沟宽 30~40 厘米，施基肥，沟深 30~40 厘米；追肥，沟深 10 厘米左右，从里向外逐渐加深；沟长以一半在树盘里，一半在树盘外为宜。开沟的位置要逐年变换。然后将肥料均匀撒入，覆土封严。此法施肥面较大、效果好，适于树冠对头的果园，但不适于第一层主枝距地面较近的树。

(3) 条沟或月牙沟轮换施肥

在树冠外缘下相对两侧各挖一条直沟或月牙沟，施基肥，沟深 30~40 厘米、宽 30~40 厘米、长比树冠直径稍大；追肥，沟深 10~15 厘米，长与宽同上。肥料撒入后与土拌匀培土封严。下一年换到另外相对两侧开沟施肥。这种方法，隔年重开沟，不年年伤根，肥效发挥好，适于树冠稳定的结果树。

(4) 行间深沟宽施

在行间（每行或隔行）挖深 40~50 厘米、宽 50 厘米左右的施肥沟，将基肥施入。早秋施肥，覆土不填满，到离地面 5~10 厘米即可，待春天再填平。此法适于密植、双行带状和树冠对头的果园。施肥面宽而深，可施入大量秸秆肥、绿肥、圈肥，肥效期长，增加有机质，提高孔隙度。

(5) 穴施

在树冠外 30 厘米以内的树盘里，围绕主干挖 6~12 个深 30~40 厘米、直径 30 厘米左右的深坑，埋入肥料即可。此法伤根少，利于吸收，适于追施液体肥料。

(6) 全园撒施

树冠对头的果园和密植园，把肥料均匀撒施在树盘内外，结合刨园翻入土中。施肥面大，但施得浅，养分有部分挥发，会使细根上升，影响抗寒。

(7) 树盘铺施

把土粪、绿肥、各种秸秆覆盖在树盘里，待腐烂后翻入土中。有的在3月中旬，先刨盘松土搂平，做好畦埂，然后把生鸡粪铺在树盘里，厚度3~5厘米。待自然发酵，养分慢慢随水进入土中，效果也较好。

(8) 顺水追肥

把肥料溶解在灌溉的水里，随水渗入，省工省肥。但要控制浓度，干旱季节，氮、磷、钾水溶液适宜浓度分别为0.1%、0.2%、0.2%；雨季，可分别为0.2%、0.2%、0.3%。

(9) 草把穴施

干旱地区，在树下斜插几个草把，上端低于土面，把肥料撒在草上，再往草上浇水，覆少量土，后用石头盖住。草吸水和保水能力都强，既省水又使局部根系增多。

(10) 施引根肥

新栽小树定植之前施引根肥。栽植坑深60~80厘米，宽80~100厘米，先在坑底加入15~25千克腐熟有机肥或20~30厘米厚腐叶、绿肥、碎秸秆、烂稻壳等，撒上少量化肥，与土拌匀，其上覆表土厚约20厘米；再在坑的四周约15厘米宽均匀撒施0.1~0.25千克果树专用复合肥，与土拌匀。然后在坑内的中心栽苗定植，苗的侧根不能接触撒施的专用肥，一般应间隔15~20厘米。这种方法虽然费事，却是长久之计，是为根系创造良好生存条件的重要措施。其坑底施肥，可引领根群垂直向下伸展，使大樱桃的浅根加长，增强固地性，也提高根下深层土壤的肥力、有机质含量和通气性。如果栽前根下深层不施肥，栽后就无法进行。栽植坑四周施肥，可诱导新根较快地向侧位四周延伸，形成广阔的侧根群。这样，根系向下、向外侧迅速伸长，很快就可以形成一个庞大的根群。

4. 施肥中必须做到的几件事

（1）基肥必施、早施。贮存营养十分重要，而贮存营养的主要来源是早秋施基肥。施足基肥才能增加贮备营养，促进花芽分化，提高抗寒能力，保证下年前半期的营养需要。而施基肥又必须一改往日的习惯，变晚施为早施，最适宜的时期是8月中旬至9月中旬。这时根系吸收能力虽较小，但时间长、消耗少、养分贮藏多；而且正是根系生长的另一次高峰，伤根易愈合，可发出新根；又因为有机肥料的分解需要较长的时间，分解后要经过细根、粗根、树干、枝，最后到芽，也要有一个过程。施晚了，会错过需肥的适期。所以，必须早秋施基肥。10月以后不应再施基肥，更不能在上冻时施肥或挖沟敞口不施肥，使土壤风干、根系受冻。也不能等到春天再施基肥，因为春旱肥料分解慢，早春用不上，且伤根和加剧土壤风干，到雨季长秋梢时才能吸收，既引起徒长又影响花芽分化和果个增大。

（2）大力增加有机质。土壤肥力主要取决于有机质的含量。连年施入有机肥，可培肥土壤而不是掠夺土壤。增施有机质，可疏松土壤，使容重达到最佳状态，也可以加速土、肥融合，使水、肥、气、热调和，有利于微生物活动，提高土温，增加保水保肥抗寒能力。有机质多的土壤吸水率为500%~600%，比黏土大10倍。当前我国大多果园土壤有机质含量低，只有1%~1.5%，而美国、日本为2%~4%，最多7%，土暄如海绵。所以，必须用增加有机质含量来提高土壤肥力。

（3）施全肥。果树需要多种营养，必须施全肥。要氮、磷、钾及多种微量元素配合施用，不能只认氮不用磷、钾，只认"三要素"而不施微肥。单施氮，树旺、抽条、不结果，只施氮、磷、钾，不加微肥，会导致多种缺素症的发生，使树衰、体弱、减产、降质。所以，施肥切不能单一，要施多元素复合肥，施有机肥时要加入氮、磷、钾、钙、铁、镁、锌、硼等元素。还要根据需要予以增减，灵活调剂。如果实的生长，前期是细胞数量的增多，后期是细胞体积的增大。前期细胞分裂，实质上是蛋白质的增加，叫"蛋白质营养期"，这时对氮、磷需求多，这些氮、磷又主要来自贮存营养，所以秋施肥中要有足够的氮素与磷素。后期细胞膨大，是碳水化合物和水分的增加，叫"碳水化合物营养期"，大量碳水化合物靠叶片制造并使其能运送到果实中，因此，一方面要控氮，防止因旺长而过多地消耗碳水化合物；另一方面要增施速效钾，以提高细胞原生质的活性，促进碳水化合物向果实运送。这叫控氮增钾，增大果个。

（4）注重控氮增钙。目的是提高果肉硬度，增加抗病抗寒能力。果肉硬度直接影响果实品质与耐贮运性能。硬度适宜，肉质脆嫩，含糖量高，耐贮运。提高果实硬度的关键措施是控氮增钙。因为氮过量，生长量大，消耗钙较多，而造成缺钙。增钙的方法有，采前喷施钙素，喷果不喷叶；适时灌水，保持土壤湿度稳定，促进钙的吸收，一干一湿不利于吸收；采前不过多灌水，过多会减少果实含钙量；pH 较高的土壤，施石膏以降低 pH，增加钙素；氮肥以尿素为主，不施铵态氮。

（5）自制复合肥。所需复合肥最好自己配兑，虽然费事，却也真纯、无氯、省钱。如氮、磷、钾三元素复合肥，若按 1：1：1 混配，可以买尿素 50 千克、过磷酸钙 150 千克、进口硫酸钾 45 千克，将过磷酸钙拍碎，均匀混合，随混随用。

（6）施肥量只是参考量。确定施肥量是一个比较复杂的动态、自然工程，谁也说不准，较不了真。因为施肥量取决于树龄、长势、树体大小、结果多少、土壤肥力、土壤理化性质、肥料种类以及天气条件等多种因素，而且这些因素又都处于动态，不断变化，所以，很难确定。有条件的可以进行测土配方施肥，根据估产、看树，推算出各种元素的需要量，再测出土壤中的含量，少多少补多少，少什么补什么。还可以测叶施肥，即用测定叶片中营养元素含量来确定施肥量。在 7 月下旬至 8 月底，是叶片内营养元素含量稳定的时期，从树冠外围中庸的延长梢中部采集叶龄相似的叶片，每梢1片，共50~100片进行分析，按烘干重计算出各种营养元素的含量，与适宜含量对比，多则停施，少则补。这样既指导了施肥，又避免了缺素症和多素症。

甜樱桃叶片的适宜含量为：氮2.3%、磷0.2%、钾1.4%、钙1.2%、镁0.24%、铁0.005%、锌0.002%、硼0.0035%、铜0.0004%、锰0.0025%。也有人从果实的营养分析中算出需肥量，每50千克果需纯氮0.24千克、P_2O_5 0.1千克、K_2O 0.38千克。施肥量要合适，不是量越大越好，过多会烧根产生肥害，产量反而下降。更应经济用肥，适期施用，使肥少效益大，决不能不管什么时期、什么肥，施上就好。

（三）灌水与排水

旱则灌，涝则排。

1. 灌水

（1）灌水适期

应根据树体生长发育对水分的需要和土壤的水分状况来确定。理论上是测土灌水。适宜的土壤含水量，为果园土壤最大持水量的60%~80%，生长前期约为70%，后期为50%~60%，低于60%时就要灌水。灌水量以浸透根系分布层土壤为度。不同土壤的最大持水量为：细沙土28.8%、沙壤土36.7%、壤土52.3%、黏壤土60.2%、黏土71.2%；萎蔫系数为：粗沙土0.2%~0.3%、细沙土2.7%、沙壤土5.4%、壤土10.8%、黏壤土13.5%、黏土17.5%。实际上，遇旱则灌，在一年中需水较多的时刻天不下雨，出现旱情就要灌水。

花前水：水量应小，结合追肥进行，叫开花坐果水。水量过大会降低地温，使花期后延5天。

硬核长果水：果实高粱粒大时，生长发育最旺盛、最需水。此时土壤含水量低于12%时就要灌水，要灌足、灌透，以浸透土壤 50 厘米深为宜。这时缺水最易出现"旱黄落果"。

采前增产水：采前 10~15 天（5 月下旬至 6 月上旬）果实膨大最快的时期灌水，水量不宜过大，浸透根群即可。这时保证水分供应，可增产 30%以上，有的可溶性固形物增加 2.8%。但不可晚浇，晚了采收期延迟 5~7 天，成熟也不整齐。

采后促花水：此时是树体恢复、花芽分化的关键时刻，应结合追肥灌水，水量要小，水过地皮干为宜，多则不利于花芽分化。

封冻抗寒水：10 月中下旬封冻前进行，灌足灌透，松土保墒。这对安全越冬、减轻冻害、预防抽条、加速基肥进一步分解都很必要。

大旱救命水：大樱桃根浅，叶大，角质少，不抗旱，大旱之年土壤水分低于萎蔫系数时，必须尽早抢灌保树。

新栽小树要控水，防止徒长，防冻，防抽条。一般不旱不灌，要覆药膜、黑膜，春天保水、增温、促新根生长；雨季打孔盖土，水分渗入较少，不徒长。

（2）灌水方法

有树盘浇灌、沟灌、穴灌、畦灌、地下滴灌、覆膜打孔灌等。还有看似先进的喷灌、微喷灌、滴灌和树干环形管喷灌等，目前生产上很难应用。

（3）重视保墒

适时灌水是重要的，积极保墒减少土壤蒸发也同样重要。所以灌水后，雨后和春旱前一定要松土，秋季要耕翻刨盘；要增施有机质，提高土壤蓄水力；要覆草，覆膜；树盘内不间作，树盘外不种深根和高棵作物；干旱地区采用深坑穴灌，灌后覆干土。

2. 排水

大樱桃树最不抗涝，排水是防止积水成涝的根本措施。在雨水过多、低洼积水、树坑窝水和山根泄涝时，根系呼吸受抑制，会黑皮烂根，叶片黄化；久旱逢雨又会引起二次生长和裂果，所以，必须及时排水。洼地，修台田定植；平地，行间和园的四周修顺水沟，把多余的水顺沟排出；山地果园，最上部修拦水壕，堵截洪水下泄；泄涝地，上方开一条截水沟，把上层渗水引入截水沟里流走。也可以在泄涝地里用石头砌成一条暗沟排水；在梯田内侧修排水沟，将控山水截住排出；树坑窝水，周围有不透水层时应结合深翻打通。受涝害的树，先排水抢救，并将根颈部土扒开晾根，松土散墒。

六、整形修剪

（一） 大樱桃芽与枝的特性

（1）花芽全为单生芽。大樱桃的花芽全是单生，不是复芽。没有混合芽、并生芽、三生芽。花芽与叶芽分生，形体大、鼓嫩、纺锤形、粗胖、饱满，一个花序 1~5 朵花，有的 6~7 朵，2~3 朵较多。其花芽是纯花芽，只开花结果，不抽生副梢，也无果台，结果之后着生花芽的节位即秃裸。随着结果部位的逐年外移或上移，会使果枝下部光秃带不断加长和冠内空膛，更新困难。

（2）顶芽全是叶芽。各种枝条的顶芽都为叶芽，不论是生长枝，还是花枝（结果枝），不论是超短叶丛枝、短花枝、中长花枝，还是超长枝，其顶芽全是叶芽。这个顶芽能够抽生新枝再生长，是更新的主要芽位。所以，虽因单花芽结果采后便秃裸，却总有新枝发出，并继续成花结果。叶芽形体瘦长，尖圆锥形，分布在发育枝的叶腋与顶端、中长果枝的中上部和各类枝的顶端。

（3）芽有早熟性。大樱桃当年新梢上的芽早熟性较强，当年能萌发，再次分枝生长。酸樱桃芽的早熟性更明显，圃内嫩苗上的芽大部分都能萌发抽枝。通过摘心或剪截，可促发二次枝或三次枝，夏剪分枝一年顶两年，以实现增枝扩冠，快速成形、培养枝组，促成花芽，早产早丰。无霜期长的地方一年可摘心两次，辽宁大连地区只能一次，且应在落花后 25 天左右，即 5 月 25 日开始进行，晚了二次枝不成易受冻。

（4）潜伏芽寿命长。大樱桃树的潜伏芽生命力强，一般酸樱桃潜伏芽寿命为 5~7 年，甜樱桃则长达 10~20 年，多年后仍可抽枝，而且潜伏芽抽枝多生长强旺。所以潜伏芽是大枝和树冠更新的基础，如红灯大枝回缩可抽生 4~5 个枝。衰老树应充分利用潜伏芽更新复壮。营养条件好、树体健壮时，潜伏芽寿命长，抽枝后长势也强。但大樱桃的潜伏芽比苹果少，更新较难。

潜伏芽是由副芽和枝条基部呈潜伏状态的隐芽、芽痕形成的。甜樱桃叶腋中的叶芽有副芽，一般有两个，位于主芽的两侧，很小，难以看见，呈隐性，所以都马马虎虎地把叶芽也视为单生芽。当主芽受冻或损伤之后，以及营养条件明显改善或受到强烈刺激如重回缩、水平拉枝时，副芽才能萌发，有时两个全萌发，有时只萌发一个。

（5）萌芽率高，成枝力较弱。大樱桃的萌芽率比苹果高，1 年生枝上的芽除基部几个瘪芽和隐芽外都能萌发。轻剪缓放，可以萌生一长串短壮的叶丛枝，形成长辫形枝组，使幼树早结果。甜樱桃的成枝力与苹果相近。轻剪缓放枝，前端可抽生 1~5 个中长枝；中、重短截，萌芽率提高，成枝力增强。通过短截，增加分枝，可加速幼树成形和老树更新。酸樱桃萌芽力和成枝力都强，有的长枝从上到下几乎所有的芽都成枝，容易成形、成花。直立枝萌芽较少，成枝少而强；斜生枝萌芽和成枝都较多；水平和下垂枝萌芽较多，成枝多而中弱。

（6）当年新梢成花。大樱桃的花芽都在当年新梢的侧位叶腋即当年新梢腋花芽中形成。因为大樱桃采收早，花芽分化时间长，叶片大，制造养分多，所以腋芽易成花。相对而言，大樱桃花芽形成的年限要比苹果的顶花芽早1年以上。

大樱桃的花枝全为混合枝，即每个花枝上都有花芽和叶芽。全是花芽的枝条不存在，因为所有的大樱桃枝条顶芽都是叶芽。大樱桃的花枝可分为五种：超长花枝，长度在30厘米以上，基部有几个花芽，中上部腋芽和顶芽为叶芽，存在于初果期和成龄旺树旺枝上，其前端抽枝能力较强，一般可抽出3~7个生长枝、超长以及长、中花枝；长花枝，长度在20~30厘米，顶芽和邻近几个腋芽为叶芽，其余为花芽，初果期树上较多，其顶芽可继续延伸成长、中花枝，其下几个侧芽也可分生出中、短花枝；中花枝，长度在10~20厘米，顶芽为叶芽，侧芽为花芽，或基部有花芽，上部侧芽与顶芽为叶芽，甜樱桃初果期和盛果期树上都有，酸樱桃树较多，顶芽能再延长一段中、短花枝；短花枝，长度在5厘米左右，侧芽为花芽，顶芽为叶芽，其花芽质量好，座果率高，是丰产的基础；极短花枝，也叫簇状花枝，长度仅1厘米左右，顶芽为叶芽，侧芽全为花芽，短缩簇生，顶芽连年延伸仍为极短花枝，可连续结果8~10年，这种花枝紧凑、外移慢，壮树壮枝上极短花枝中花芽多，座果率也高，弱树弱枝则相反。以往把大樱桃的花枝分为混合枝和长、中、短、花束状果枝，比较含混，实际上是没有混合枝与纯花枝之分的。

大樱桃树壮、稳、高、优的花枝是以中、长花枝为主，配合短花枝。这类花枝果大、质优、易更新，应通过短截多培育中、长花枝结果。极短花枝，花多、果个小、质量差、衰弱快、难更新。但因其生长量极小、寿命长、密度大、外移慢、坐果多，是强壮树实现高产稳产的主要花枝，盛果前期树也要注意采用。

大樱桃有败育花，当花芽过多、过弱时，雌蕊柱头极短，矮缩于萼筒中，花瓣未落，柱头子房已黄萎，不能坐果。

（7）芽饱满程度的差异。由于受枝条自身生长发育规律、营养状况、气候等条件的影响，大樱桃枝条上芽的分化与发育存在着一定的差异，不同时期形成的芽的饱满程度不同，有的充实紧凑，有的虚泡肥大，有的瘦瘦弱小，有的潜伏待发；有的是叶芽，有的是花芽，也有中间芽。花芽与叶芽之间存在着质的差别，这种芽质的不同叫芽的异质性。生长枝，一般基部 0.5~2 厘米有 2~8 个芽痕，即潜伏芽；往上 0.5~10 厘米枝段有 1~7 个离生小芽，即瘪芽，有的似轮生；依序往上：半饱满芽，枝段较短；饱满芽，芽较多，枝段较长（有的枝一直到顶芽之下）；半饱满芽，枝段较短；顶芽，两侧有副芽与芽痕。有秋梢的生长枝，春、秋梢交界处有一小段盲节，上有几个芽痕，秋梢上部芽较小，有的未能充分成熟。花枝，中长花枝多数花芽在基部，上部为叶芽；短花枝和极短花枝，顶芽为叶芽，其余为花芽。花芽形成早的、数量少的、壮树壮枝上的充实饱满。

灵活运用这一特性，就可以调节生长势，以尽快成形和及时将生长枝转化为花枝，使衰弱枝更新复壮。

（8）顶端优势极强。同一枝条上饱满程度相同的芽，位于顶端或上部的抽生的枝梢生长势最强，向下依次递减，这一现象叫顶端优势，也叫极性。原因是树体中的养分、水分优先和较多地运送到位置较高的芽子之中，使顶部的芽或枝条的生长优于其下部，也由于顶端的芽子先萌发，所产生的抑制激素向下移动，抑制了下部芽和枝的生长。大樱桃正常停止生长的枝条，其顶部芽往往都比较饱满，与中上部饱满芽相似，芽质好，易抽生强枝，枝量也大，造成顶端强势。从整个树冠来看，前

部分枝强而多，后部就要弱而少，最容易出现上强下弱，上多下少，前部密闭遮光、过多消耗，后部光弱枝细、落叶干枯、枝多果少的情况。好大一棵树，内膛空空，只有外梢结果，不能实现立体结果。生产中必须认识到这一点，并采取积极有效的应对措施。

影响顶端优势的因素是枝条着生角度，角度越小顶端优势的表现越强，角度越大表现越弱，直立枝比斜生的强，斜生枝比水平的强，水平枝比下垂的强；树龄、树势，幼、旺树比老、弱树顶端优势明显；不同品种，顶端优势的强弱不同，大樱桃的顶端优势明显强于苹果。

（9）层性明显。由于顶端优势和芽饱满程度的差异的存在，使1年生枝上的分枝多集中在顶部和饱满芽带。这样1年1层向上生长，形成枝条的层状分布，叫层性。在中心干上，骨干枝成层分布，形成几层主枝和辅养枝，正好适应于疏散分层树形的整形；在主枝上，分枝明显成层，形成几层侧枝，使一棵树从小到大，有节奏地一长一短、一大一小、一强一弱，波浪式向上向前发展。有秋梢的花枝，有时春、秋梢基部各有几个花芽，从而出现了花芽的成层分布和两段同时结果。花枝结果后形成光秃带，拉大层间；缓放多年枝，极短的叶簇状花枝成串，层性不明显。成枝力较弱的红灯等层性明显，成枝力较强的佳红和酸樱桃层性不明显，幼树比成年树层性明显。层性明显的品种，多生长高大，适于形成有中心干的分层树形；不明显的多适于开心形树冠。

（二）整形修剪五项原则

（1）长远规划

大樱桃是多年生的，要生长和结果几十年。寿命这么长，整个什么形，什么时候完成整形，各级枝怎样安排，各种枝组怎样培育、配置，怎样才能早产早丰、高产稳产、延长盛果期年限，以及适时更新复壮等，都要有目的、有计划地进行。从幼树开始，对树的一生整体结构作出一个设计，也就是长远规划，全面安排，循序渐进。即使是对每个不同生长时期的剪法和每个枝子的处理，都要有个规划。这样，才能有目的、有步骤地进行整形修剪，才能维持较长的经济寿命，才能避免随心所欲、盲目修剪。

（2）因树修剪

就是以树为本，因品种、树龄、树势、地势、土质、气候条件、技术管理水平、剪枝习惯和经济栽培要求，灵活运用剪枝技术。一沟一坡的大樱桃树千姿百态，虽然有一个共同的规律和理论上的要求，有一个统一的剪枝原则和基本一致的剪法，但是，实际剪起来灵活性很大，不能机械地照搬，应具体分析，灵活运用。不同品种，树体长势、中心干强弱、主枝开张程度、萌芽率与成枝力等生长结果习性各不相同，整形修剪的方法也应不同。如红灯、美早树长势强旺、分枝直立、成枝力弱，应以缓抑强、拉枝开角、中截增枝；佳红树势中庸、树姿开张、分枝较多，短截分生中、小枝易成花，可用短截中庸枝和旺枝留弱芽短截来分枝育花；萨米脱树结果后分枝短壮，进而转衰，要注意短截，促其生长。再如，推广一种幼树树形，不能不论小树长得什么样一律整成一个形。应该因树修剪，随枝作形，有形不死，无形不乱，一棵树适合什么形就作成什么形。不同地区，因修剪习惯不同，会形成带有地区特色的一整套科学剪法，几种剪法各成体系，在不同地方都达到了壮树、优质、高产的目的，如小冠疏层形和近似苹果树的基部三主枝半圆形。
而且，已经形成的每一种剪法不能轻易改变。

（3）抑强扶弱

是均衡树势的重要方法。在一个园里，有的树势强，有的
树势弱；一棵树上，有强枝有弱枝。强树、弱树、强弱不均的
树都不能丰产。只有使树势均衡、中庸健壮，才能连年丰产。
甜樱桃幼树，生长量大，长势特强；结果后，因极性明显，外
冠分枝量大，郁密遮光，内膛枝细弱，而强弱悬殊。所以，必
须运用抑强扶弱的剪法，对强枝进行控制，压低角度，多疏枝，
减少生长量；对弱枝予以扶壮、抬高角度、多留枝、中截促分
枝等，达到强者缓和，弱者转壮，树势均衡。

（4）主从分明

是使树体结构合理、生长匀称、寿命延长的主要措施之一，
即保持各级骨干枝之间有一定的从属关系。中心干的生长比主
枝强，主枝比侧枝强，下面主枝渐次强于上面主枝，主、侧枝
强于辅养枝。主枝围绕着中心干，侧枝围绕着本主枝生长。一
个枝组内的各级枝之间和每个枝条之间也大体上有个主从关系。
各级骨干枝的角度，应级次越小的开张角度越大。只有这样，
才能互不干扰、强弱一致、疏密相间、安排得当、有序生长，
使树冠稳步均匀地扩大，结构牢固紧凑，达到最大的结果体积。
无论什么树形，一棵树、一个主枝、一个侧枝和一个枝组，都
应讲求从属关系，使各级枝匀称延伸，结构合理，上下左右强
弱一致，平衡生长，全树才能处于中庸状态，高产稳产，寿命
延长。从属不分，就会造成树体各部强弱不均、畸形发育，树
形紊乱，树冠郁闭，结构不当，生长与结果矛盾加剧，产量不
高不稳，寿命不长。

（5）立体结果

是实现上述几项原则的目的。在一个开阔的层间、开张角
度较好的大枝上，培养、配置适量的果枝组，小、中、大，侧、

垂、立，各种枝组均匀排列，高矮搭配，合理密植，使树冠的里外、上下、左右全面结果，充分利用空间和光能，使有效结果体积达到最大。这样，才能实现树体均衡，优质高产。

影响立体结果的因素有以下几点。

①主枝角度：着生各种枝组的主枝角度过小，垂组和侧组容易配置，立组的数量减少。角度过大，立组和侧组好安排，垂组却难以配置，这样就不能实现立体结果。只有保持适宜的角度，才能有足够的枝组。

②枝组配置：小、中、大枝组结构不合理，主枝前部和中部大、中枝组多，既占据了较大的空间，又遮挡了后部的阳光，使内膛枝组衰弱花芽少。主枝前部以小枝组为主，中部以中、小枝组为主，后部以大枝组为主，才能保持外围与内膛枝条均匀一致，实现立体结果。

③枝组密度：主枝角度虽好，但枝组密挤时，仍然不能优质高产。在枝组内短截不当，分枝过多，尤其是出现徒长时，也不会高产稳产。所以，应使枝组多而不密，紧凑丰满。

④层间大小：层间狭小，下层主枝的立组和上层主枝的垂组不易伸展，通风、透光不良。层间太大，上、下枝组不能充满空间，使树体内存在着无效空间，自然无法达到最大的结果体积。

⑤裙枝与辅养枝多少：保持较多的裙枝、辅养枝，是幼树立体结果的关键。大量结果后又要及时控制、利用辅养枝，中心干上辅养枝适度回缩，主枝上的逐步变成各种枝组或疏除，既增加了结果部位又不影响其他枝组，才能立体结果。

（三）幼树整形修剪

1. 丰产树的树体结构

大樱桃丰产树应具备以下特点：低干矮冠大枝少，角度开张光照好，小枝丰满枝粗壮，内膛充实空膛小，树势均衡寿命长，立体结果产量高。

（1）低干矮冠

低干，主干高 30~50 厘米，不超过 60 厘米，比高干缩短了根系与树冠之间的距离，拉近了整个树体养分水分运输的路线，提高了养分和水分输送的效率；低干比高干少长一段主干，节省许多养分，使树干养分消耗少，可以多长许多小枝，使幼树抽枝粗壮、生长好、成形快、结果早；低干容易保持中心干优势，有利于保证占全树产量比重较大的第一层主枝的健壮生长，为盛果期的高产稳产奠定基础；低干形成矮冠，比高干高冠体积大，枝叶多产量高；"腚大头小"树体稳，树高降低，抗风力强，便于作业管理。

（2）小枝多大枝少

果是结在小枝上的，大的骨干枝多了，占据了空间，小枝就少或者长不好，产量就不高。所以，丰产树必须是结果小枝多，主、侧骨干枝少，达到大枝稀拉拉，小枝闹泱泱。即尽量减少骨干枝的数量和级次，把节省的养分用于成花结果上，因为经济栽培大樱桃的目的是长果子而不是长木柴。

（3）角度开张，光照足

开张角度好，极性减弱，生长缓和，加上层间开阔，才能里里外外小枝丰满，枝多不显密，通风透光小枝壮。光照充足，光合效率高，积累多，才能结果多质量好。幼树不注意开张角度、开阔层间，长成大树再解决就难了。

（4）有适量的辅养枝和裙枝

这类枝结果占初果期产量的比重较大，幼龄树要积极扶持，充分利用好辅养枝和裙枝结果，增加产量。

（5）培育大量健壮的结果枝组

在整形的同时，注意培养有效枝多、易于轮流结果的中、小枝组，才能尽快由生长成形向大量结果转化。

2. 几种丰产树形

不管是什么树形，只要能够熟练掌握大樱桃的生长结果习性，并在剪枝中运用自如，把各种枝子摆布好、角度开张好、果枝培养好、光照解决好、强枝控制好，都能实现壮树、优质、高产。但多种树形中，总有比较好的。

(1) 小冠疏层形

干高 40~50 厘米，有中心干，主枝两层，共 5~6 个。第一层主枝 3 个，各有 2 个侧枝；第二层主枝 2~3 个，2 个时各有 1~2 个侧枝，3 个时不配侧枝，也可留第三层 1 个主枝，带头、拉平，不留侧枝。层内，主枝间距 10~20 厘米。层间距，第一至第二层间 70~80 厘米，第二层至第三层间 50~60 厘米。主枝开张角度，第一层 80°左右，第二层 70°左右，第三层 60°左右。侧枝角度要大于主枝角度。层间有 2~3 个辅养枝，即大枝组。树高 3~3.5 米。成年树冠呈半圆形。这种树形，适宜的株行距为 3 米×4 米或 4 米×5 米。其优点是结构较合理，骨架牢固，通风透光好，技术管理较方便。

(2) 疏散分层形

有中心干，主干高 50 厘米左右，主枝 6~8 个，分 3~4 层，树高 3~3.5 米。第一层主枝 3~4 个，开张角度 60°~70°，每个主枝上有侧枝 4~6 个；第二层 2 个主枝，开张角度 50°~60°，每个主枝上各有 2~4 个侧枝；第三、四层各有 1 个主枝，每个主枝上有 2~4 个侧枝。在各级骨干枝上培养各种果枝组。层间距，第一至第二层 70~80 厘米，第二至第三层 50~60 厘米，第三至第四层 50 厘米。这种树形，结果后树势容易保持，结果部位比较稳定。前期要多留辅养枝，以辅助生长、扩大树冠、培养枝组。

(3) 粗纺锤形

中心干直立，树高 2.5~3 米。主干高 50 厘米，主枝（侧分枝）10~15 个，均匀错落地着生在中心干上，向四周均匀分布，单轴延伸，一般不分层，层性强的品种可略有分层。一般 20 厘米左右着生 1 个主枝，有的对生。主枝角度为 80°~90°。基部主枝 3~4 个，长 1.5~2 米，往上依次递减。主枝上没有侧枝，直接着生小、中枝组，以中、短果枝结果为主。这种树形只有一级骨干枝，枝的级次少，主枝短，光照好；整形比较简单，成形快，中、小枝组丰满紧凑，很容易实现早产早丰，也便于轮流更新，交替结果。树形近于卵圆形，也叫椭圆纺锤形。

（4）基部三主枝半圆形

中心干直立或弯曲，树高 4~5 米，冠径 5~6 米。干高 40~60 厘米，主枝 5~6 个，分 2~3 层，每个主枝有 2~3 个侧枝。主枝开张角度，基部 70°~90°，第二、三层 60°~70°。

五主枝树：第一层 3 个主枝，第一至第三主枝间距在 40 厘米以内，第二层 2 个主枝，可对生，也可相距 30~40 厘米。第一至第二层间距 80~100 厘米。

六主枝树：一般作两层，第一层 3 个主枝，第一至第三主枝间距在 40 厘米以内；第四、五、六主枝各相距 30~40 厘米，第五、六主枝也可对生。第一至第二层间距 80~100 厘米。有时作三层，第一层 3 个主枝，第一至第三主枝间距在 40 厘米以内；由第四主枝作第二层，其上隔 60~70 厘米选留第五、第六主枝组成第三层，第五、第六主枝对生。第一至第二层间距 80~100 厘米。

基部三主枝之间夹角 120°，最好呈正三角形排列。上部各主枝分别插在基部三个主枝之间，不能重叠。主枝上，第一侧枝距中心干 50~60 厘米，第二侧枝距第一侧枝 30~40 厘米，第二侧枝距第三侧枝 60~70 厘米。层间有 2~3 个辅养枝。要注意，中心干上部主枝不能轮生，主枝上的侧枝不能对生，枝头上的延长枝不能双生。基部主枝有时也可以多于 3 个，如 4 个、5 个等，只要能够均匀摆开就行，但主枝多侧枝就要相应减少，总枝量不变，上部主枝数也不变。

这种树形近似苹果丰产树形，低干、矮冠、主枝角度大、层间距良好，具有骨架硬棒牢固、结构紧凑、成形快、丰产长寿的优点，更容易为苹果产区所应用。辽宁瓦房店市驼山乡付庙村的樱桃园就是这种树形的好典型，其特点是枝拉平、大层距、有辅养、小枝组、频交替、枝常新。

3. 幼龄树的具体剪法

幼龄树，要根据不同树形的要求，搭好全树骨架，尽快增加枝量，扩大树冠，早成形，早成花结果。

（1）圃内整形，栽植整形苗

大樱桃成苗高度多在 1 米以上，有的 1.5 米以上，栽后定干剪掉一半左右。如果进行圃内整形，可以把无效的加长生长变为有效分枝，使一根条的苗变成 2 年小树，一年顶两年。具体做法，5 月底至 6 月中旬，对圃内株距较大的壮苗留 40~60 厘米剪截，并加强肥水管理，促其分枝。有 4 个以上的分枝，就可以选留 1 个中心干和第一层主枝。

（2）第一年的整形修剪

栽植整形苗，按 2 年生小树进行整形修剪。一根条的苗木，栽后根据不同树形的干高要求进行定干。当年分枝 3~6 个。无霜期长的地区，7 月，分枝已超过 50 厘米时，可以摘心促发二次枝，增加枝量，缩短成形年限。8 月可以从分枝中选出中心干和第一层主枝，对第一层主枝可以按要求进行拉枝开角。

（3）第二年的整形修剪

春季萌芽前，依不同树形的要求选好第一层主枝和中心干，各主枝留 40~50 厘米剪截，中心干剪留 50~60 厘米。没拉枝的，在 4 月枝条发软时拉平。第二年，幼树经过上年缓苗之后，开始旺长，要采用夏剪控制旺梢，增加分枝级次，扩冠增枝。一般于 5 月底至 6 月进行，主枝延长梢留 40 厘米左右短截，中心干延长梢留 50 厘米短截，截后可发枝 2~3 个，秋季封顶成熟。其他枝条可连续摘心，以控旺、分枝、促花。

（4）3 年后的整形修剪

第三年春，未选够第一层主枝的进行补选，根据树形要求选留第一层主枝上的侧枝和第二层主枝，中心干和主枝剪留长度同上一年，侧枝要短。第三年到第五年，要疏除多余竞争枝，调整主枝方位，保持层间距，用好辅养枝，继续拉枝开角。要截缓结合，继续按整形要求选培好各级骨干枝，加快培养育花结果枝组，边长树成形边进入结果期。

幼树，要先截后缓，截缓结合，适当轻剪。1~3年生以短截为主，长留多打头，主、侧枝和有空间的辅养枝都在饱满芽上短截，以迅速增加分枝，促进新梢生长，扩大树冠，形成足够的小枝。同时缓放部分小枝，着手培育花枝。疏除少量竞争、重叠、并生、过密枝。4年以后，截缓并重，个别疏枝，无用枝在细小时疏去。中壮枝、小枝、平斜枝、下垂枝缓放，强旺枝打盲节、从基部重截或拉平与夏剪控制，加速向结果方面转化。主侧枝头、中心干延长枝轻截跑单条，外围分枝重疏轻截少打头，其余枝大部分缓放促花。

尽快增加早期封顶枝是早产早丰的关键。幼树要通过多分枝、多留枝、轻剪缓放来分散养分，缓和树势，开角、增光，增加早期封顶枝量。

幼树，必须在整形同时进行长远规划，早动手，培养和配备各种果枝组，为将来的立体结果做好准备。要多培养内膛枝组，使内膛多结果，外围多延长扩冠。

（5）骨干枝的修剪

①中心干的剪法：定干后，在所抽生的枝条中选留顶部1个直立向上、长势强的枝条作为中心干的基础，以后每年在其先端再选留直立向上、长势强的枝条，在饱满芽处短截逐步培养成健壮的中心干。并保持中心干优势，防止掐脖。幼树生长旺盛，易抽生1~2个与中心干延长枝竞争的旺枝，应区别情况予以处理，竞争枝弱于中心干延长枝时，对延长枝在饱满芽处短截以继续延长，对竞争枝疏除或重截或拉平；竞争枝强于中心干延长枝时，以竞争枝代替中心干延长枝，原头疏除或留大

斜茬重截或拉平；因竞争枝处理不及时而形成多年生竞争枝时，更要立即处理，强于延长枝头时可用竞争枝作头，原头重回缩；弱于延长枝头时，应疏除竞争枝，需要以弱枝代头或弱枝方位较好时，可用弱枝代头，回缩或疏除较强的延长枝。中心干先端常出现三四个相似的旺条，一般抠除中间一个，选定 1 个延长枝，另外 1~2 个重截或拉平。如出现多年生三杈枝，将原头疏除，余下的上面一个代头，另一个去强留弱，变成主枝和辅养枝。中心干过强过弱时，可利用三杈枝转主换头。树过高时，去顶落头，用最上一个主枝代替树头。

②主、侧枝的剪法：主枝的任务是扩大树冠、着生侧枝和少量辅养侧枝、果枝组。主枝长势应比中心干弱，比侧枝强。主枝延长头留饱满芽短截，但要适当长放。延长枝后面的分枝，疏除背上直立的和空间小的，缓放平斜中庸的，个别留瘪芽重截促生平斜小枝。大樱桃主枝背上直立的旺条要从根疏除与控制利用并重。有空间时要留潜伏芽重截，促分小枝形成小枝组。主枝开角始终要保持，不能反弹。

侧枝的任务是着生果枝组，有的也着生副侧枝。基部主枝上第一侧枝距主干不可太近，以防竞争与掐脖。第一侧枝尽量留在同一顺侧，第二侧枝选在第一侧枝的对面，第三侧枝选在第一侧枝的同侧。主、侧枝之间夹角以 50°左右为宜。侧枝开角要大于主枝。侧枝的着生，以背斜侧为主，中轴低于主枝，不应与主枝在同一高度平行生长。这样，才能着生更多的小枝组，实现立体结果。

③辅养枝的剪法：着生在中心干的层间和主枝上侧枝之间的大枝为辅养枝。它的作用是辅养树体，均衡树势，促进结果，还可加以培养改造，代替主、侧枝。对辅养枝应积极培养，充分利用，及时控制，分期处理。幼树尽量多留各种辅养枝，促其多分生中小枝，尽早成花结果。随着幼树的不断生长，辅养枝也不断地由小变大。这时，可去强留弱，去直立留斜生，去

大留小，缓截结合，尽量使其多结果。主、侧枝不断扩大，辅养枝就要逐步缩小，分期回缩，给主、侧枝让路。影响一点去一点，影响一面去一段，影响前端缩前头，全部影响连根片。仍有空间的，可将辅养枝缩剪成大、中枝组。

（四）结果树的修剪

1. 初果期树的修剪

大樱桃树从开始结果到大量结果之前，大致在 4~6 年生，为初果期。这个时期生长的特点是，新梢生长旺盛，枝条粗壮直立，树冠迅速扩大，树势逐渐开始稳定，树形逐渐完善固定，树体结构逐渐牢固，花芽由少到多，结果部位逐渐增多。这个时期的修剪任务是，由幼树整形扩冠为主转入以果枝修剪为中心，大力培养各种结果枝组，尽快增加结果量，实现早产早丰，及早进入盛果期；同时继续选留、培养和最后确定各级骨干枝，继续扩大树冠，完成整形扫尾工作。

修剪时，以轻剪缓放为主，外围 1 年生枝要截、疏、缓相结合，一部分打头继续生长，一部分缓放育花，一部分疏除改善光照，不能多短截多分枝。前端背上直立枝多数疏除，中、后部背上直立枝以削弱利用为主，培养成果枝组。重点在内膛，以先放后截配合先截后放的方法，培养、配置各种果枝组。切不能见枝就截，造成旺长和内膛郁密，枝芽瘦小不成花；也不能全缓，无限缓放，结果几年后不易更新。拥挤的大枝，一定要及时逐步疏掉。不疏除，就会造成满树棍棒，大枝中后部光秃，小枝枯衰，全树紊乱，产量极低。整形上，在中心干达到要求高度后，逐步落头开心，用最后一个主枝代替中心干延长枝，以控制树体高度，改善光照，促进主枝生长和成花结果。

2. 盛果期树的修剪

大樱桃树从开始大量结果到衰老前为盛果期，从初果期到盛果期只有 1~3 年。这时，树冠已基本固定，结果大量增加，产量达到高峰。后期长势减弱，内膛小枝不断光秃枯衰。盛果期树的修剪任务是，反复不断调节生长与结果的关系，维持健壮的树势和结果枝组的生长结果能力，保持年年丰产，延长盛果期年限，推迟进入衰老期。

盛果初期树生长仍占主要地位，树冠有的还在扩大，枝芽量、结果点仍在增加，产量逐年提高，对修剪反应敏感。要适当轻剪不刺激旺长，进一步培养各种枝组，逐步将辅养枝改造成果枝组。盛果中期，产量达到高峰并趋于平稳，树势缓和，树冠稳定。这时，稍不留意，树势就容易转弱，产量减少，质量下降。要在小枝上下工夫，如小花枝，在花芽上留 1 个叶芽短截，下面结果，上面抽生小枝。各个部位和枝组都要有生长枝、育花枝和结果枝，或者是生长育花枝、结果再育花枝，即两套枝、三套枝，以交替结果，轮流更新，丰产常在，枝叶常新，防止结果部位外移，保持树体健壮。盛果后期，树势转弱，树冠有收缩趋势，产量开始下降，前部生长量小，后部枯衰小枝增多。应侧重于枝组复壮，细截细疏，留壮芽、上芽剪截促发新枝，疏除细弱枝，着手培养新枝组。

盛果期树始终要稳定树冠的合理结构，保持角度开张、层间开阔、外疏内密、长势中庸、枝组健壮。在树冠对头相互穿插时，采用"伸伸缩缩、一伸一缩、抬抬压压、转转变变"来维持树冠的通风透光和有效的叶幕层。不能一味缓放，要用短截促使内膛分生新枝，形成新枝组，疏剪外围分枝增强内膛光照，减少极性争夺。结果树切不可没有生长发育枝，只是这种枝不能多且要保持平斜中庸。

3. 衰老期树的修剪

衰老期树势明显减弱，冠内枝条衰弱或逐渐枯死，光秃带加长；骨干枝头焦梢或生长十分缓慢，基部萌发徒长枝；树冠体积缩小，有的残缺不全；结果部位明显外移，果实产量、质量明显下降。其修剪任务是更新复壮，恢复树冠，回升产量。

树体衰弱、发枝少、花芽多的衰老树，仔细剪截弱枝，促使短枝顶芽萌发新枝，再对新枝留饱满芽短截，逐步形成新果枝，并疏除过多花芽；有计划地利用后部的发育枝、徒长枝对骨干枝进行更新，以相对地增强树势，并重新培养和复壮枝组；缺枝少杈的，充分利用徒长枝再造新枝，培养完整的新树冠。要培养做骨干枝的徒长枝，头1~2年中短截，促其分枝生长，控制过早结果，对妨碍待培养为骨干枝生长的过密枝，可疏除或重截。严重衰弱树，应于萌芽前进行骨干枝大更新，一般留30~40厘米长桩回缩，这样抽枝多而强壮，再配合夏剪摘心，可较快地培养成新的骨干枝和果枝。

老衰树更新的着眼点应放在小枝上、枝群上、弱枝上，而不是大枝上。先从每个局部（枝组）开始，从每个小枝和芽着手，逐个更新，而不是简单、笼统地回缩几个大枝了事。不能指望堵截几个大枝就能使全树得到更新。因为老衰树对重回缩促发新枝的反应并不敏感，往往起不到更新的作用。所以，回缩更新应有准备，不能太急过重，要逐步回缩并真正回缩到壮枝壮芽处。老树更新，应结果服从更新，大枝轻回缩，小枝全面更新，树势越弱小枝越应剪截。具体剪法，去下促上抬高角度，细致剪截极度衰弱枝，利用少量发育枝和徒长枝分新枝，刺激极短枝顶芽发新枝，留极短花枝回剪或去花促枝，疏除一个大枝组复壮一群小枝组，疏除细长瘦弱枝集中营养等。已经促成的新枝不能缓放，应继续打头分生壮枝，一缓第二年又转衰，起不到更新的作用。

（五）生长季节的修剪

从萌芽后到落叶前这段时间的修剪叫生长季节的修剪，其中以夏季修剪为主，所以也俗称夏季修剪。因为大樱桃夏季修剪作用大，工量大，效果好，所以生产上都以夏剪为主，休眠期春剪即冬剪为辅。

（1）生长季节修剪的作用

①增加分枝级次，迅速扩大树冠，分枝多，成形早。有效调整各种枝的方位、角度，使树体结构更趋合理。

②调节生长与结果的矛盾，使旺树旺枝生长缓和，弱树弱枝充实健壮，营养物质积累增多，促成花芽，增强抗寒、抗抽条与抗病能力。

③控制、改造或疏除无用枝，减少树体营养消耗，壮树增产。

④改善光照条件，解决了"冬季开窗，夏季关门"，只改善冬光而没有增强真正具有实效的夏光的问题。打开了层间，调整了叶幕，提高了花芽质量、座果率和着色率。

⑤可以加速培养枝组，平衡树势，使幼树早产早丰，结果树延长盛果年限。

（2）具体剪法

夏剪有目伤、抹芽、拉枝、摘心、剪梢、拿枝、疏枝、环割等。

①发芽前：主要是目伤。是对不易萌发又需要萌发的芽进行刻伤，促其萌发或抽枝。在芽开始露绿而未膨大时，对内膛光杆枝和中心干延长枝下部进行目伤促枝。在缺枝部位芽的上方 0.5~1 厘米处，用剪刀或小钢锯条横拉一下，深达木质部。这样可以刺激下位芽萌发抽枝，填补空间。在分枝上面目伤，会促进分枝的生长。萌芽前在芽、枝下面目伤，则抑制其生长，使枝、芽转弱。芽萌动后，在芽、枝的下位目伤，可以促其生长。如在芽、枝上方目伤，则抑制其生长。

②发芽期：主要是抹芽。抹除位置不当的无用芽。如中心干和主枝中、下部能够长成无用徒长枝的芽，主、侧枝头和中心干延长枝附近容易抽生竞争枝的芽，即前端多余的芽、竞争芽、双生芽、三生芽、密生芽；还有背上容易抽生徒长枝的芽，圈枝、别枝、拉枝、压枝等的凸起部位易抽出旺枝的萌芽和大

伤口周围成簇的过多萌芽。应根据成枝的需要，选留方位正、角度好的萌芽，抹除不需要的萌芽。及早抹芽，就可以把问题解决在萌芽状态，从而避免长大后新梢密生，郁密遮光，过度消耗，枝条方位、角度不好难以选留等所带来的影响。

这一时期枝条变软，还要进行拉枝开角。以前没拉的一定拉好，已经拉过的应加以调整巩固，并防止反弹。

③5月下旬至6月：主要是摘心、剪梢，配合疏枝、拉枝、拿枝。

摘心：新梢尚未硬化之前，剪去或掐掉新梢先端的幼嫩部分，是夏剪最主要的内容。主要用于幼旺树和结果树背上直立新梢与处于竞争点的新梢；各级延长枝前端分生的新梢，下位平斜的继续延长，上位较直立的摘心。一般在花后25天（辽宁大连地区5月下旬）开始，对嫩梢留6~7片叶摘心，待上端第一芽抽梢后，再留1~2片叶连续摘心。这样，枝条上面不再抽长枝，下面可成花，提早结果，树冠也紧凑矮壮，还可以提高座果率。

剪梢：轻剪，早期剪除新梢嫩尖3~5厘米，剪后再发1~2个二次新梢，连续轻剪，生长量小，可形成短枝；中剪，在新梢长到40厘米时，留20~30厘米剪截，可发出3~4个二次新梢；重剪，当新梢长到20~30厘米时，留5~10厘米剪截，促其分枝，形成小枝组。

疏枝：幼树5月下旬开始，结果树采收后进行。主要是疏散郁密的枝条，节省和集中养分，通风透光，均衡树势，以利于壮枝、壮树和成花。5月下旬以后，分枝的稀密、强弱已经明显，可以疏除过密过强枝，如对外围与内膛的竞争枝、徒长枝、旺枝、着生点不当的枝、细弱枝和剪锯口周围无用的萌蘖进行疏剪；对影响主从关系、干扰正常的树体结构和树势均衡、严重遮光的大枝，如重叠盖被枝、横穿逆向枝进行疏剪。

拉枝：对前期拉枝进行巩固调整，没拉的应认真拉好。

拿枝：用于当年直立旺梢。在新梢半木质化后，从新梢基部开始，用一只手捏住新梢下部往上顶，另一只手向下弯拿，逐步挪动到中上部，可听到木质的断裂声，枝背出现裂纹，损伤木质但不折断，只是将新梢软化放平或下垂。6月上中旬春梢停止生长时拿枝，可使旺梢及早停长和减弱秋梢长势；秋梢开始生长后拿枝，也可减弱秋梢长势，有利于成花；秋梢停止生长后拿枝，下年萌芽率提高，形成大量短枝。过旺的新梢，还可多次拿枝。拿枝的作用是改变新梢姿势，调整幼树骨干枝的方位，加大开角，削弱顶端优势，减缓生长，积累养分，促成花芽。拿枝应在中午枝软时进行，早晨和雨后枝脆易折断。

④7—8月：主要是疏枝、掐尖和拉枝。此时叶幕已形成，枝条稀密、叶幕厚薄、膛内风光条件优劣显而易见，疏枝、拉枝更易见效。

疏枝：主要是疏除过密枝、光杆枝、纤弱寄生枝和紊乱枝。

拉枝：这时是一年中最佳拉枝时间之一，主要是调整和稳定开角，向前挪动着力点，防止枝头翘起反弹。此时拉枝，背上不易冒条。

掐尖：8月下旬对未封顶的新梢全部掐尖，也可用30倍多效唑蘸尖，以限制新梢继续贪长，减少养分消耗，增加回流储备。

⑤9月：主要是摘心和大枝开角。8月摘心又长出嫩尖的再行摘除；对角度小的大枝拉枝开角，因为这时拉枝也不易劈裂。

（六）整形修剪的三个关键点

1. 拉枝开角

开张角度是创造中庸健壮、优质丰产树形的基础和关键，是必须做到的第一步。

（1）拉枝开角的作用

①大樱桃树极性强，长势旺，主枝基角小，加大主、侧枝

与各种枝条的着生与延伸角度，就可以限制、缓和、削弱或消除极性影响，使骨干枝前后生长平衡，后部易出壮枝，有利于培养出健壮的枝组，使树冠中下部不光秃空膛，还可以促其萌芽和增加早期封顶枝，实现早产早丰。

②主枝角度开张，内膛宽阔空间大，方能容纳、配置较多的枝组，里里外外小枝丰满，果枝多而充实，结果部位不外移，使结果体积扩充到最大。反之，角度小树就旺，内膛空间就狭小，小枝总量就少而瘦弱拥挤。

③光照对大樱桃树十分重要，解决光照最根本的措施就是开张角度。角度开张，内膛光照足，光合效率高，营养物质多，才能促进花芽分化，花好枝壮，优质高产。

④下层主枝开张角度大，中心干及其上层枝空间大、枝量多、生长好、加粗快，不宜掐脖。

⑤角度开张，后期容易抽生徒长枝，便于更新复壮，培养新枝组，延长盛果期年限。中、前期大枝背上出现的旺枝，又可以培养出中、小立组，以达到立体结果。

（2）拉枝开角的时间与方法

开张角度的方法，有拉枝、撑（支）枝、拿枝、堕枝、别枝、里芽外蹬、以枝顶枝等，最有效最常用的方法是拉枝。拉枝要从小树做起，尽早进行。幼树不注意拉枝开角，长成大树再拉就晚了。一般是在定植当年8月或第二年春剪后开始拉枝。以后，一年中春、夏、秋三季都可以进行；但一天中最适宜的拉枝时间是中午，而早晨和雨后枝脆不宜进行。早拉枝，枝条较细，操作容易，基角易开；早开角，有助于早成形、早结果。具体方法是，用鱼线、布条、铁丝等做拉绳，在树下相应位置钉一个木橛，将拉绳上头系在被拉枝子的中部着力点上，系扣要宽松，绳与枝背间要夹上短棍或软垫，以预防拉绳勒枝伤皮；拉绳的下头绑在木橛上，系牢拉紧。也可以在树下沿树两侧行向各固定一条铁线，拉枝时将拉绳下头绑挂在铁线上，这样操作会方便自如。拉枝一定要优先拉好向阳面大枝，营造一个开阔的前怀，使树膛充满阳光。

拉枝要做到两个防止。一是防止劈裂。大樱桃树分枝角度小，连接脆弱，尤其是夹皮枝，容易劈裂、破伤、流胶，要先软化后再拉枝。拉枝之前，对 1~3 年生不太粗的枝子，用一只手握住基部往上顶，另一只手自下而上往下压，将枝子拿软后再拉枝。也可以先用手晃动大枝基部，软化后拉枝。较粗的枝子，拉绳的着力点要远一点，既使基角难开，也可以把腰角和梢角拉开。二是防止反弹。大樱桃树极性强，向心生长力强。拉枝后，着力点以远至枝梢向上反弹，呈弯弓状，枝头上翘，使外冠郁闭遮光。所以，一年中要拉两三次枝，第一次拉枝，第二次（6 月、7 月）调整，随着被拉枝子的延长而不断向前挪动拉绳的着力点，春拉基角，夏拉腰角，秋拉（8 月）梢角。

2. 增强光照

大樱桃是高度喜光树种，增强光照是壮树、优质、高产、长寿的关键。

(1) 光照的功能

光照是大樱桃树必不可少的生存条件。用于生长结果的营养物质只有叶片在阳光的作用下才能制造出来。一般来说，大樱桃树的结果能力和它能接受的光照成正比，树体与果实的干物质绝大部分来自光合产物。光照充足，叶功能强，光合产物多，树体中庸健壮，树势均衡，发育枝早封顶；中、小枝充实一致早成花、花芽饱满，花粉发芽力强，座果率高；果实成熟早，果个大，着色好，光泽鲜明，含糖量高，品质好；连续结果能力强，经济寿命长。光照不足，树冠外围分枝多长势旺，内膛叶薄枝弱，花芽分化不良，坐果少质量差，果枝干枯，结果部位外移，上面打伞，下面光杆；树体强弱不均，寿命短。所以，在选择树形、整形、确定层间距和叶幕层厚度、枝组的高度与配置时，多是从对阳光的利用率来考虑的。

(2) 增强光照的方法

①全树各类枝保持上疏下密、外疏内密状态。树高控制在3.5 米以下，高者逐步落头，上部三杈枝逢三去一；外围枝不能短截过多，要少短截多疏枝，延长枝跑单条，以防止分枝过多。

②打开层间，保持宽阔良好的层间距。层间，分近干层间、中部层间和梢部层间。近干层间，取决于上、下两层主枝着生距离；中部层间，可以用调控下层立组和上层垂组、开张腰角来调整；梢部层间，可以用控制前部分枝和开张梢角来解决。

层间辅养枝，影响光照时，应及时逐步去掉；骨干枝背上直立枝严加控制，周围有空间时，可软化压倒变成侧斜枝或培养成小枝组，无空间的疏除；背上枝组，以小枝组为主，搭配一些中枝组，少量大枝组要配置在中后部，高度超过70 厘米时应逐步矮缩，中前部切不能有大枝组；上、下层保持适宜的叶幕间距，一般以50~60 厘米为好；骨干枝角度开张好，特别要保持较好的腰角和梢角。

③各类枝的密度、数量要适宜。大枝数目不能多，更不得重叠盖被，各部位枝都不能密挤、交叉、打横、并进，外围枝不挡内膛光，上面不遮下面光，树膛枝不互相挡光。做到树头开心引上光，开角扩层引侧光，树下覆膜反地光，解决"三光"光照内膛，全面增加光照。疏密枝，防挡光；缩长枝，防遮光；蹲高枝，防抢光；控立枝，让出光。使光照充足均匀，减少低功能叶和寄生叶，提高光合效率。

④保持一定的行间冠距。为通风透光，便于果园管理，行间冠距以保持在1~1.5 米为宜。已交叉的树冠要有计划地回缩。

3. 培育花枝

长树是为了结果，要结果必先育花，所以大樱桃树整枝修剪的中心任务是培育健壮的花枝。

(1) 花芽形成的条件

①芽的生长点细胞必须处于缓慢分裂的状态。即将封顶和

已经封顶枝的侧芽生长点细胞就处于这种可以分化成花芽的状态。而已经休眠的芽，生长点细胞停止分裂，不能发生质变形成花芽；旺长枝上的芽，生长点细胞分裂迅速，不易积累成花所必需的养分，也不能成花。

②营养物质积累的多少、时间及其分配是成花的物质条件。

第一，营养物质的积累要多。这样就必须多制造，少消耗。一方面通过科学管理与修剪，使可能成花枝有较多的叶片或较大的叶面积；另一方面通过合理密枝、控制徒长来减少对营养物质的消耗。旺树只有缓和后才能结果，因为旺树积累少，缓和后积累才增多。

第二，要在花芽分化阶段积累。过了这段时间，即使积累也无益于花芽的形成。花芽分化有三个时期：一是开始分化期，在开花后4周左右，芽尖顶端变平加宽；二是集中分化期，采收后1~2个月，形态分化基本完成；三是分化完成期，在来春花芽萌动时，花药中的分生细胞开始延长并形成花粉。应在枝条大量封顶要形成花芽之前创造营养积累的条件。短枝，5月下旬封顶后4~6周开始形成花芽，这时可通过摘心、抹芽、疏旺梢来增加积累以促成花芽，如超过10周以上还不积累就不能成花，而变成叶芽；采收后，在保叶、增肥的基础上，控旺条、疏密枝，拉开角，则可增加积累，促成花芽；旺条较多时，中、短枝不成花，因为中、短枝封顶时条子还在旺长，消耗多无积累；秋梢上新生芽正处在积累时，也可成花。

第三，营养物质及时流向或集中于成花点，使芽子有较多的碳水化合物和较高的细胞浓度，以加快分化并提高花芽质量。了解这一点，就可以通过修剪，特别是夏季修剪，使冠内有充足的夏光和秋光，提高光合效能，并通过严格控制、利用或疏除旺条等，增加积累，促成花芽。

第四，成花激素的作用。来源于根系的细胞分裂素可使新梢生长点细胞呈分裂状态，有利于花芽分化；老叶内形成的脱落酸也有利于花芽分化。而来源于新梢先端嫩叶和正在发育的种子中的赤霉素，则有加速生长、抑制花芽分化的作用。所以，新梢过多、留果过多，花芽就少。花后喷 B9，干扰了赤霉素的合成，喷乙烯利控制生长素的合成，都有利于花芽的形成。

第五，外界条件。首先是日照条件，充足的阳光和较长的日照使光合作用增强，生长素钝化或分解，新梢早停止生长，以促进花芽形成。其次是温度条件，平均温度在 10℃以下花芽分化就要停滞，高温特别是高温多湿不利于花芽的形成。再次是水分条件，夏季适度的干旱，使枝叶停止生长早，光合产物积累多，碳氮比增加，细胞浓度提高，往往有利于花芽分化；而水分过多，引起徒长，则不易成花。

(2) 花枝的培育方法

通过修剪等措施，使强枝或弱枝转化为中庸枝，才能成花结果。旺枝转化为花枝的方法有：轻剪或重剪，拉平缓放，加大主、侧枝角度，增加生长点和中小分枝量，摘心促停长，化控等。弱枝变为中庸枝进而转化为花枝的方法有：去平垂留斜生，抬高角度，缓放不动，留好芽、上芽细截细疏，疏纤弱枝、尖瘦芽和弱枝邻近的旺枝等。

①长放：增加生长点，养分向多点侧芽分散，缓和枝势，形成花芽。如斜生枝缓放，直立徒长枝拉平缓放，会缓出一长串极短花枝。

②短截：中壮平斜枝轻短截，前部分生中、长花枝，中后部形成极短花枝和短花枝；中庸枝中短截，前部分生花枝和生长枝，后部形成极短花枝；斜生枝看芽修剪，剪口下留 2 个侧生芽短截，不留背上芽，2 个侧生芽可分生 2 个斜生枝，组成小花枝组，其下形成叶丛状花枝；生长枝，留基部 3~5 个瘪芽（3~5 厘米）重短截，强枝短留，弱枝长留，夏剪时抹去剪口下第一芽或疏去旺梢，形成中小花枝组，这种剪法叫留丰产橛，为防止剪口下第一芽抽出旺枝，也可用斜茬大剪口来削弱；背

上徒长枝留基部2个侧位瘪芽极重短截，并将分生的2个小枝拉向两侧，形成小枝组。

③打盲节：在生长枝春、秋梢交界盲眼处剪截，瘪芽当头，其下好芽分枝多、短枝多、停长早，易成花。

④回缩：背上多年强旺直立枝，留基部隐芽大伤口回缩，可分生两三个斜生弱枝，形成枝组；多年直立枝还可以回缩到相邻两年的交界处（盲节），即留潜伏芽或弱芽回缩，分生弱枝，变成中小枝组。

⑤疏枝：过密的1年生枝或多年生枝从基部疏除，可缓和母体的总生长势，增加物质积累，改善光照，集中营养，有助于成花；大樱桃不论是直立、斜生或水平枝的缓放或短截，前部都有较多的分枝，对这些分枝进行疏枝，去强留弱、去上留下，可以促其下部形成花芽；疏除纤弱寄生枝、强旺枝，减少无用枝、无效叶的消耗，也有利于成花；斜生枝短截后抽生的两三个分枝中，有平斜有直立，有向下有向上，对直立或向上的分枝应予以疏除，但不从基部连根片去，而是留1个芽剪除，这个芽抽生小短枝可成花，这种剪法看上去似疏枝又不是疏枝，叫亚疏枝；对竞争枝，留基部2个潜伏芽或小芽，剪茬留大斜面大伤口，抽生小枝，变竞争为小枝组。还必须疏除影响成花的过密的条子和过多的棒子。

⑥采用夏剪和各种缓和生长的人工措施，促进花芽的形成。

育成的枝组，要科学配置，做到大、中、小，立、侧、垂各种枝组在树冠的上、中、下和骨干枝的前、中、后适当搭配，合理组合。使一棵树上，枝组均匀排列，高矮结合，大小相间，互相错落，不碰头不交叉，不重叠遮光，角度好，矮壮紧凑。树冠外围以小枝组为主，中部以中枝组为主，后部以大枝组为主；长辫形枝组安排在骨干枝的前部和中部，以及利用各种枝组的空隙，适当安插。

七、防病灭虫

大樱桃的病虫害防治，主要是防病，而防病的重点是预防早期落叶病。早期落叶，特别是 8 月底之前落叶，使内膛中小枝枯死，2 年生以上枝上叶丛枝芽干枯，一碰即掉，严冬过后会大批死树。所以，绝不能忽视，一定要抓住 7 月中旬至 8 月中旬防治的关键时期，及时打药、连续打药，间隔只能 7~10天。同时搞好早春和晚秋的防治。雨水多的年份增加打药次数，连雨天要见缝插针，抢打药不等不拖。

（一）病害

危害最广的是早期落叶病。早期落叶是多种病害的综合征。

1. 细菌性穿孔病

病原体为细菌，主要为害叶片，也为害新梢、果实。受害叶片，开始出现半透明水渍状淡褐色小斑点，逐渐扩大为圆形至多角形不规则褐色或紫褐色斑块，周边黄绿色。潮湿时，病斑背面常渗出乳黄色黏液。斑块脱落后出现穿孔，有的病斑只局部与叶体相连；严重时，病斑连片，叶片焦枯脱落。受害新梢，春天展叶时，冬季潜伏在枝条上的病菌开始产生暗褐色水渍状小疱疹，以后逐渐扩大。初夏，病斑表皮破裂，流出黄色菌液。夏末，当年嫩梢以皮孔为中心形成水渍状暗紫色斑，近圆形，略凹陷，并很快干枯。受害果实，开始为褐色小点，再扩展为近圆形、暗紫色病斑，干后出现裂纹，潮湿时出现乳黄色菌液。病菌在落叶和枝梢上越冬，通过风雨、昆虫等传播，从叶片气孔、枝条和果实皮孔侵入。5—6 月开始发病，雨季为盛期，高温多湿发病早而重；弱树与叶片薄而大的旺树易感染。暂无症状的叶片仍有细菌潜伏，一旦雨水变频，很快就会发病。

2. 褐斑病

病原体为真菌，主要为害叶片，也为害新梢、果实。叶片发病初期，出现针尖大小的紫色斑点，以后扩大为褐色圆斑，边缘红褐色或紫红色。病斑上有黑色粒点。最后病斑干缩脱落穿孔。病菌在病叶、枝梢中越冬，春季由风雨、水滴等传播，7—8 月发病重。

3. 霉斑病

病原体为真菌，为害叶片、枝梢、花芽、果实。叶片上病斑近圆形，褐色，外缘紫色。后期湿度大时，病斑背面生出灰黑色霉状分生孢子梗和分生孢子，最后脱落穿孔。枝梢为害，以芽为中心形成病斑，黑色，外缘紫褐色，流胶液，重时枯梢。果实染病，病斑凹陷，褐色，外缘红色。病菌在芽内或病梢越冬，随雨水传播。

4. 斑点病

病原体为真菌，为害叶片。病斑近圆形、褐色、外缘红褐至紫褐色，有黑色小点，病斑最后脱落穿孔。病菌在病叶中越冬，下年随风雨传播。多雨年份发病重。

5. 叶斑病

病原体为真菌，主要为害叶片，也为害果实。被害叶形成不规则、褐色或紫色较大的死斑，背面有粉色霉点，斑块从中向外逐渐枯死，多块病斑相接后造成叶片大部分枯死。病叶变黄褐色，重时落掉。病菌在落叶上越冬，开花时随风雨传播，侵染幼叶，潜伏 7~15 天后出现发病症状，再重复多次侵染。7—8 月发病较重。

防治方法：早期落叶，病源多种，但防治方法基本一样。

（1）加强管理，增加营养，改善光照，壮枝强体，提高抗病力。

（2）彻底剪除病枯枝，清扫落叶，捡净落果，集中烧毁或深埋。

（3）及早进行药剂防治，一年中的防病打药如下。

①4月上中旬（萌芽前），喷1次4~5波美度石硫合剂。这是一次杀灭越冬病虫的铲除剂，必打！

②5月上中旬，混喷1次72%农用链霉素可湿性粉剂2500~3000倍液加65%代森锌500倍液。链霉素治细菌，代森锌防真菌，两药混用兼治效果好。

③5月底6月上旬，喷1次杀菌剂甲基托布津1000倍液（或者分别喷布叶青双1000倍液、多菌灵600倍液、百菌清600~800倍液、扑海因2000倍液）。幼树可喷布180~200倍等量式波尔多液。

④7月上旬（采后7~10天），喷1次倍量式波尔多180~200倍液，或链霉素与代森锌的混合液，或叶青双与苯醚甲环唑2000倍液。

⑤7月下旬至8月上旬，喷倍量式200倍波尔多液，或7月下旬喷1次超达生600倍液，8月中旬喷1次倍量式波尔多200倍液。

概括全年防病打药，即一次石硫合剂，两次波尔多液，两次其他杀菌剂，病重应急时打扑海因或农用链霉素。

波尔多液兑好后，加200~300倍碳酸氢铵，轻轻搅动后喷洒，不用再搅动，不用加展着剂，且增效抗雨。

（二）虫害

大樱桃的害虫种类不少，但一般不用单独打药，只是在喷布杀菌剂时加入相应的杀虫药就可以了。其中较难治的害虫有以下几种。

1. 桑白蚧壳虫

又叫桃白蚧、桑盾蚧、树虱子。其雌成虫和若虫成群聚集固定在枝干上吸食汁液为害。严重时，枝干上蚧壳重叠密布，灰白一片，死枝死杈，几年不治则会全园毁灭。雌成虫，蚧壳近圆形或扁圆形，灰白色，壳下虫体橙黄色至橘红色；雄成虫，蚧壳细长，呈长椭圆鸭嘴状，灰白色；卵，椭圆形，橘红色。刚孵化若虫，扁卵圆形，浅黄褐色，能爬行。2龄若虫分泌蜡质形成蚧壳。一年发生2~3代，以受精雌成虫在枝条上越冬，下年树液流动后开始吸食为害，4月下旬至5月上旬在蚧壳下产卵，产完卵即干缩死亡。卵期约15天，初孵化若虫在蚧壳下停留数小时逐渐爬出。若虫期，1代在5月中下旬，2代在7、8月间，3代在9月。一年发生2代的北方地区，第二代若虫在7月下旬至8月上旬。

防治方法：桑白蚧难治，也好治，关键是抓住若虫孵化初期，特别是第一代若虫出壳的时期，及时细致地打上药，一年盯防2~3次，就可以防住。具体而有效的措施是，在各代若虫刚孵化到尚未形成蚧壳前，即5月中下旬、7月中下旬、9月中旬，喷布0.3波美度石硫合剂，或40%速蚧杀乳油1000倍液、速灭杀丁1200倍液、2.5%溴氰菊酯1500倍液。5月也可喷布30%螨蚧灵500倍液或乐蚧松800倍液。还可以先喷500倍液洗衣粉洗掉蚧壳蜡毛再喷药。冬季用钢刷或硬毛刷，刷死越冬成虫；用粗布擦掉蚧壳；用黏土柴油乳剂涂抹枝干，其配方为柴油1份、黏土1份、水2份混合而成。

2. 山楂红蜘蛛和白蜘蛛

以成虫和若虫刺吸叶片和嫩芽汁液，破坏叶绿素，使绿叶斑白，严重时全叶灰褐、焦煳。芽受害严重时，不能正常萌发而变黄、干枯。

山楂红蜘蛛，在北方一年发生6~9代，受精雌成虫在枝干裂缝和老翘皮下和主干基部3~5厘米深的土缝中越冬。春天芽膨大时开始出蛰，花芽开绽时上芽为害。4月底至5月初（初花至盛花期）是出蛰末期、产卵盛期。卵期约7天，幼虫与若虫孵化较整齐，约经半月，这时（花后）是防治的最佳时期。6

月中旬以后，繁殖加快。第二代孵化盛期约在落花后1个月。这时开始世代重叠，不好防治。7—8月虫量达到高峰。干旱年份虫量大，进入雨季明显减少。

白蜘蛛，又叫二斑叶螨，北方一年发生10代左右，雌成虫在土缝、翘皮、枯枝、落叶和杂草宿根中越冬。日均气温10℃时开始出蛰，20℃以上时繁殖加快，27℃以上加上干旱时，为害最重。6月中旬至7月中旬为为害猖獗期，8月为害也重，进入雨季虫量减少。如后期高温干旱，还会严重为害。白蜘蛛多群居叶背主脉两侧，并吐丝结网，在网下吸食为害。

防治方法：出蛰盛期，即花前，喷1次0.3~0.5波美度石硫合剂，或73%克螨特乳油2000倍液、25%三唑锡可湿性粉剂1000倍液，这次防治是关键。以后抓住其发生期，适时打药：1.8%齐螨素乳油4000倍液，或20%哒螨灵乳油2000倍液、阿加朗1500倍液。不含阿维菌素的药剂，一定要加入2500倍20%阿维粉可湿性粉剂。杀红、白蜘蛛药与阿维粉混用，对顽固高抗性成虫、幼虫、卵有特效。入冬后刮净老翘皮，清除落叶杂草，集中销毁，并结合秋、春刨盘松土、灌水，消灭一批越冬虫。

3. 梨小食心虫

又叫钻心虫、折梢虫，简称"梨小"。幼虫为害樱桃嫩梢，先从尖端两三片叶柄基部蛀入髓部，再往下蛀食至嫩梢木质化处便转移。蛀孔外有虫粪、流胶，蛀孔以上嫩梢萎蔫枯垂、折梢。1个幼虫可蛀食3~4个新梢。一年发生3~4代，以老熟幼虫在翘皮下、主干基部和土中作灰白色薄茧越冬。第一代幼虫出现在6月中旬至8月上旬，第二代7月中旬至8月下旬，第三代8月中旬至9月上旬。5—9月陆续为害，7—9月第二、三代幼虫为害严重。

防治方法：一是5至6月，发现顶梢刚萎蔫时剪除销毁；二是抓准用药时机及时打药。先用糖醋液诱杀成虫，配方为红糖1

份、醋 2 份、水 10~15 份，溶匀后装入大碗，挂在树上诱杀，每亩挂 5~10 个碗。当诱蛾量达到高峰后的 3~5 天开始喷药防治：30%桃小灵乳油 1500 倍液，或 25%灭幼脲 3 号悬浮液 1000 倍液等。也可调查叶背产卵率，当卵叶率达到 1%~2%时开始打药。

4. 蒙古灰象甲

又叫尖咀子、象鼻虫，为苗圃和幼树春季很难消灭的主要害虫。成虫尖咀抠食刚萌动的芽心，使其不能发枝；也啃食幼叶，常常全部吃光，使苗木光杆、幼树无法整形。此虫体长 7 毫米，灰褐色，头管较短。翅鞘略呈卵形，末端稍尖。辽宁 2 年发生一代，以成虫和幼虫于土中越冬。成虫 4 月中旬出土，5 月为害较重，直到 6 月中旬。成虫多于晴天 10 点大量出现，天越热啃食越重，早晨、阴天出来较少。成虫藏于树干周围土块下，装死，但很快又快速爬走。产卵于表土中，5 月下旬孵化幼虫，9 月末幼虫做土窝过冬。下年仍在土中取食，6 月中旬化蛹，7 月上旬羽化成虫，这年不出土，等到再下一年 4 月中旬开始出土为害。出土成虫有群攻性，迅速集结树下，一批一批爬到幼苗和新栽幼树上抠芽啃叶，最多一棵树干周土中有 200 多头，杀死一批再上一批，很难治死治了。

防治方法：

①扎绑防虫伞、袋。春天定植后，在苗木下部近地面处，用报纸或塑料扎一正伞形套；如果是半成苗，剪砧后在芽下扎一倒伞形套，将芽围在伞中，阻止成虫上芽为害。栽苗定干后，用宽 6 厘米、长 20 厘米塑料袋将整形带套上，下口用塑料条绑紧，中间再绑一道以防风吹破，当袋内芽展出小绿叶时，先将袋下撕一小口通风 1~2 天，于傍晚或阴天摘下套袋。

②人工扑抓。4 月下旬至 5 月上中旬进行扑抓。抓干周、苗床、苗地土中、土块下成虫，弹落小树上成虫，集中杀死。一天巡回抓几次。

③发芽前拌药毒杀。用辛硫磷 30 倍液拌苞米面，加适量

3%克百威，撒于干周；或用0.5千克3%克百威加40千克细沙混匀，在一棵大树下撒0.5~1千克；或用10%地虫克加细土、苞米面，亩撒2千克，撒后再盖上点土。也可以在树下喷洒辛硫磷100倍液。地下害虫多藏匿在3~5厘米土中，待刚刚出土还未上树时就可以被熏死和触杀。

④苗圃地防虫。第一，早期消灭于地下。3月下旬解冻后，在圃地开沟17~20厘米深，喷、撒药剂后覆土踩实，将害虫闷死于土中。用药有辛硫磷100倍液或"1605"100倍液、甲好清150倍液，毒土有地虫克与细土（苞米面）1:1拌匀、3%克百威加细土。第二，播种时灭虫。播种前，在垄中间开深15~17厘米沟，喷、撒上述药剂，覆土后开浅沟播种。再点撒毒饵（每亩2千克以上），最后覆膜。第三，发芽展叶时喷、撒药液和毒饵。幼树和幼苗喷布辛硫磷1000倍液，或50%杀螟松乳油1000倍液；树下撒地虫克或3%克百威或敌百虫拌烂苹果毒饵。第四，严格封闭。苗畦、苗圃和果园四周，要撒上一道毒土、毒饵，严细不空，以防止外围害虫侵入。

5. 红颈天牛（哈虫）

为主要枝干害虫。幼虫在木质部表层蛀食为害，近老熟时深入木质部向上、向下蛀食，向下可达根颈。虫道为弯曲不规则长片状，一半在皮层一半在木质部，虫道内堵满红褐色虫粪，排出后堆积在树干基部。常引起流胶、削弱树势，严重时会死枝死树。成虫黑色，前胸背面棕红色；体长28~37毫米、宽8~10毫米，雌虫比雄虫大；幼虫体长50毫米，乳白—黄白色，头很小、黑褐色；一年发生2~3代，幼虫多以3龄在虫道内过冬，春天树液流动后开始为害，6月最重。4—6月在虫道内作茧化蛹，6—7月羽化成虫，多于雨后钻出，栖息于树干。成虫白天活动，中午前后较多，交尾后产卵于主干和主枝基部的翘皮裂缝中或做巢产卵，孵化幼虫继续为害。

防治方法：人工扑杀。6月下旬至7月上中旬，中午人工扑抓静伏在树干上的成虫；检查树干，发现有细小新虫粪排出时，用细铁丝或小刀把虫道内幼虫刺死。药剂熏杀。5—9月，有虫粪时，向虫道内注射有机磷或菊酯类药液杀死幼虫；或用棉球蘸敌敌畏塞入虫口，再用泥把蛀孔堵严，熏死幼虫。涂白杀卵。成虫发生前，即产卵前（5月中旬、8月中旬），用9千克水、2.5千克生石灰加速灭杀丁配成白涂剂，涂主干、中心干、大枝，杀卵、杀孵化幼虫。

6. 金龟子

俗称金克郎、瞎碰，种类较多，主要有苹毛金龟子、铜绿金龟子、黑绒金龟子、茶色金龟子等。成虫蚕食大樱桃的花、芽和幼叶，幼虫（蛴螬）啃食根子和根颈外皮。苹毛金龟子，一年发生1代，以成虫在土中越冬，4月中旬芽萌动期开始出土，花蕾期至盛花期为害最重。成虫早晚不活动，中午前后（上午九十点、下午两三点）啃食最猖獗。有互通信息、集合于一树、群聚为害的习性，一株幼树能陆续飞来约500头。会装死，不趋光。5月上旬成虫入地产卵，5月下旬至6月上旬孵化幼虫为害幼根。铜绿金龟子，一年发生1代，以老幼虫在土中越冬，成虫主要为害叶片，6月上中旬最重，黄昏时群集取食，趋光强烈，也会装死。黑绒金龟子（东方金龟子、黑马褂、看牛小），一年发生1代，以成虫在土中过冬，4月初开始出土，4月下旬至6月初为害重，早晚取食，成批不断地飞向同一块地，主要为害幼苗嫩叶，天热时于土中潜藏。会装死，能趋光。6月产卵于表土，6月中下旬孵化幼虫，啃食幼根。茶色金龟子，一年发生1代，以幼虫在土中越冬，6月中下旬雨后成虫大量出现，白天为害叶片，晚上八九点钟活跃，早晨、阴天、有风时不活动。

防治方法：人工扑杀。成虫发生期，于早晨或傍晚震落踩死，或用塑料布铺地接虫，集中杀死。喷药灭虫。成虫大发生时，喷50%辛硫磷1000倍液，或速灭杀丁1000倍液、氯氰菊酯1000倍液、桃小灵1000倍液等。诱杀。用黑光灯诱杀成虫；

挂糖醋液罐头瓶诱杀成虫，配比为红糖:醋:水=0.5:1:10，如加点烂苹果或烂梨，搞点茴香效果更好；还可以用西瓜皮或烂苹果、烂梨酱加 1000 倍万灵挂在树上诱杀。撒毒饵。成虫将出土或卵孵化期于树下撒毒饵，撒后浅锄土或耙松表土杀成虫和幼虫。毒饵由辛硫磷或"1605"各 100 倍液拌细土，50%地亚农 1 千克加 1 千克水拌 40 千克细土。

黑绒金龟子成虫的防治：一是用烂苹果块泡 50 倍敌百虫摆在苗地、苗床周边，设一边防线，封闭毒杀，苹果块要大，摆放要严密，不留空隙，苹果块干了再喷药；二是将菠菜或韭菜剁成半寸长拌辛硫磷或"1605"各 500 倍液，撒在苗地毒杀；三是将砧木嫩枝叶或杂草撒于苗地四周后，喷 500 倍辛硫磷液封杀；四是边行插绿枝，设保护行，喷药毒杀；五是将杨树绿枝或砧木绿枝蘸 50%敌敌畏 500 倍液，插于苗地诱杀成虫。

幼虫蛴螬（蛭虫）的防治：樱桃园和苗圃地有蛭虫，翻耕时喷 2.5%高效氯氰菊酯乳油 1000 倍液，或浇灌辛硫磷或"1605"1500 倍液。发现苗木萎蔫时，要挖土捉虫。

7. 毛虫

种类很多，主要有舟形毛虫、天幕毛虫、美国白蛾、金毛虫、秋千毛虫等。毛虫容易发现，防治方法基本相同。一是用黑光灯诱杀成虫；二是及早采摘卵块，销毁虫卵；三是在幼虫尚未分散时，摘掉虫叶或震落幼虫，集中踩死；四是幼虫期喷药，可选用 2.5%溴氰菊酯乳油 1500 倍液，或 50%辛硫磷乳油 1000 倍液、20%甲氰菊酯乳油 2000 倍液等。

8. 夜蛾

种类较多，主要有剑纹夜蛾、斜纹夜蛾、甘蓝夜蛾、甜菜夜蛾和小菜蛾等。一年发生 2 代，第一代幼虫于 5 月下旬至 6 月出现；第二代幼虫于 8 月下旬至 9 月下旬出现。主要为害枝梢和苗尖嫩叶，在叶背面蚕食叶肉，只留下叶脉。此虫似菜青虫，不引人注意，稍有忽视，数片新叶就被食破，而且抗药性很强，比较难治。

防治方法：抓住幼虫发生初期，及时打药。药效最好的是1%甲维盐（甲氨基阿维菌素）2000倍液，有很强的胃毒和触杀作用。也可以喷15%安达2000倍液，或52.25%农地乐1500倍液，或农地乐1500倍液加万灵1500倍液混喷。

八、大樱桃生产中常见的问题与解决方法

（一）大樱桃栽培的绿叶保护

绿叶是大樱桃的生存之本，但生产中常常忽视对绿叶的保护，造成减产降质、死枝死树。所以，保护绿叶是大樱桃栽培的头等大事。只要能保住绿叶，不早落叶，生长发育和高产稳产就有保证。那么，如何保护绿叶呢？

1. 加强为害叶片的病虫防治

主要是对各种毛虫、红蜘蛛、金龟子、夜蛾和早期落叶病的防治。坚持"治早、治小、治了"的原则，对早期落叶病要早打药，雨后补喷，高温多湿年份增加打药次数。要杀真菌和杀细菌药剂并用、交替使用或两种杀菌剂混用，互补增效。雨后病害突发，可用扑海因、叶青双、链霉素等具有治疗作用的特效药；6、7、8月，如阴雨连绵，一定要打药，决不错过防治适期，一拖过就会造成落叶，无法补救。

2. 细心预防其他因素对叶片的损伤

如干旱和水涝造成的黄叶、落叶，药害和肥害对叶片的烧伤等。

（1）适时抗旱和排涝。夏季高温，蒸发量大，随着果实生长和叶片的迅速扩大，需水量也越来越大，这时干旱会使叶片打绺、变黄、脱落，内膛叶、小叶先变黄，再波及全树。连雨

积涝也同样造成黄叶。所以，在出现旱象之前要及时灌水，不能等黄叶时才灌。要有排水措施，在土壤湿度过大或积水的情况下，尽早排涝。

（2）避免药害、肥害的发生。避免药害伤叶、烧叶，主要是选准用药和注意使用浓度与天气条件。大樱桃喷布敌百虫、敌敌畏、乐果、氧化乐果、乐斯本等容易烧叶，所以不应使用。用药浓度要根据"说明"和生产实际来确定。药害、药效与天气紧密关联，早春温度低，芽未萌动，药效低；急雨之前打药，药液被冲洗，需要补喷；打波尔多液，遇雨会烧叶，雨前一定停止打药，避免肥害伤叶、烧叶。一是不能施用和喷洒含氯的化肥，如氯化铵、氯化钾，土壤中氯离子含量在 0.02%~0.03% 时大樱桃生长受抑制，出现肥害。二是施用肥料不能过量，不能离根太近；叶面肥浓度要严格控制在 0.5% 以下，两种以上肥料混用，总浓度不超过 0.5%。三是高温和下雨天以及叶片严重损伤或已经烘叶时，不宜叶面喷肥。

3. 适时供足叶片生长发育所需要的养分、水分

对叶片营养物质与水分的供应有两个重点保证期，一是幼叶期，即春季叶片生长期；二是成叶期，即夏秋叶片工作期。幼叶与成叶相辅相成，只有施足早秋基肥，萌芽前追好肥，并结合灌水，才能保证春季幼叶的正常生长，适时顺利地进入成

叶工作期。幼叶的正常生长为成叶打好基础，成叶的高光效又为新一批幼叶提供营养保障。保证成叶的营养需要主要是采后追肥和叶面喷肥。如果缺少某种营养元素，叶片就不能正常发育，就会出现缺素症：黄化、焦煳、小叶

和损伤。

对于缺素的补充，最快捷的方法是喷施叶面肥。花后 3 周、5 周和采收后各喷一次 0.5%尿素及磷酸二氢钾来补充氮、磷、钾的不足；生长季节喷 3~4 次 0.5%硝酸钙液或 500~800 倍氨钙宝液补充钙素；5、6 月喷施 0.5%硫酸镁液以防治缺镁症；花前和盛花期喷 0.3%硼砂液 2 次，可有效地预防缺硼症；防治缺锌，可以在 5 月喷 0.2%硫酸锌液或盛花后 3 周混喷 0.2%硫酸锌加 0.3%尿素液；缺锰，可于 5—7 月喷 0.2%~0.3%硫酸锰加同浓度生石灰或与波尔多液混喷；缺铜，可结合喷波尔多液予以补充；缺钼，可以喷施 0.2%钼酸铵液。缺铁，幼叶黄白，叶缘焦化，预防方法为每隔 20 天喷一次 0.4%的硫酸亚铁，或喷布 0.5%柠檬酸铁，或用黄腐酸二铵铁叶面喷雾。叶面喷 0.3%硫酸亚铁加 0.2%尿素液效果更好，5—6 月间喷 2~3 次（隔两周一次）即可恢复正常。黄腐酸二铵铁稀释 3~5 倍水液涂干效果明显，涂后 10 天见效。将硫酸亚铁与有机肥混合施入根群范围内，效果也好。

大樱桃的果实多在 5 月下旬至 7 月初成熟，这时也是新梢旺盛生长期。采收后的 1~2 个月内又是花芽形态分化基本完成期，营养生长与生殖生长高度集中，需要大量的养分和水分。因此，采收前至落叶期间必须保持足量的健壮叶片，以合成充足的碳水化合物供给当年长果、长枝、成花的消耗，并贮存起来，为下一年早春花芽继续分化和花后 20 天内新叶的成长，以及幼果细胞分裂、膨大提供营养保证。

4. 保持适宜的叶面温度

一年中，净光合强度与呼吸强度都以春季（5 月下旬至 6 月上旬）为最高，但受开花和干旱的影响又会出现一个小低潮，随后立即回升；夏季（7 月）气温高，净光合强度较低；秋季（8—9 月）天气转凉，净光合强度又上升，并出现一年中的次高峰，而且积累增加；10 月以后，叶片老化，光合能力渐弱。

因此，叶片净光合强度的变化，除叶片自身生命力的强弱和成熟度的因素外，主要决定于气温。最适宜的气温为25℃左右，超过35℃几乎停止。一天中，叶片的净光合强度是上午8时最高，12—14时最低，14—16时又上升，出现次高峰；此后，光线太弱又下降。

因此，采取相应措施，调节叶面温度是十分必要的。如夏季高温时喷石灰乳，增加叶片的反光能力；结合喷灌降温，有条件时于中午在果园喷雾，不使叶片过热；春旱时及早灌水；保护好秋天的叶片，使叶形完整，叶色浓绿，并注重改善光照条件，从而提高叶片的光合强度。

5. 及时补救各种灾害对绿叶的损伤

（1）暴风雨

春天往往伴随寒潮刮起大风、旱风、沙尘，吹焦嫩叶；夏季台风与暴雨袭击，轻时磨伤叶片，重时叶片焦煳、破碎，甚至落叶，把树刮歪、刮倒，刮断枝杈。其补救措施如下：第一，扶树。灾后立即把刮倒，刮歪的树扶正，培土或架杆加固。歪倒的树迎风面根系部分被拉断，背风面根系也有部分曲折、松动，几天后长出新根，根系重新固定，到这时才扶树，又人为地把新根折断，倒损伤了树体，甚至造成死树。所以，扶树越早越好，一般在3天之内进行。第二，追施氮肥或复合肥，促进树体恢复。第三，喷1~2次杀菌剂，防止伤口感染。第四，培根松土。露根的树马上培土护根，松土通气，为根系愈合康复、恢复向枝叶输送养分、水分创造条件。

（2）雹灾

常打破树叶，造成碎叶满地，也损伤枝干。其补救措施如下：第一，喷波尔多液等杀菌剂，防感染，促伤口愈合。第二，滋补树体，追化肥和喷肥，增加愈合能力，恢复叶片的光合功能。

（3）日烧

高温、干旱、日光强烈时，也能灼伤叶片，使叶功能减退。可以采用喷水、喷石灰乳、及时灌水等方法进行预防。

（二）五大难题与解决办法

1. 根瘤病

这一病害近百年来一直叫根头癌肿病，误传为不治之症，说有了这种病就要死树。但是，生产实践证明此种病不是不治之症，许多方法都可以治愈。所以现在"根头癌肿病"应该科学地正名为根瘤病，是良性肿瘤。其理由有 4 条，第一，其病原为短杆状细菌，不是生物体的细胞癌变，可以杀灭和抑制；第二，细菌及为害部位形成的肿瘤是良性活体，有生有死，当瘤体自然生长到第二、三年就会枯朽，变成蓝灰色、黑灰色而龟裂脱落，如软木塞、泡沫，由外向里腐烂，一剥一块，并且分生新根；第三，根瘤不圈住根颈不易死树，个别根的前端或中部长瘤，树体仍可正常生长结果，有的栽植上千株根瘤苗已经 5 年，生长发育良好；第四，有少量根瘤可以缓和树势，早成花早结果。因此，应该消除恐惧心理，科学管理，采取积极措施消灭病菌。

（1）病原及其生存条件

根瘤病病原为土壤杆菌，属细菌，呈短杆状。发育温度为 10~34℃，适温 22℃，最适瘤体形成的温度为 18~22℃，也有人介绍是 25~30℃；致死温度 51℃，10 分钟。耐酸碱范围为 pH5.7~9.2，最适宜的 pH 为 7.3，微碱性；pH5 以下不发病，即酸性土不易发病。黏重土、涝洼地、重茬苗地、菜园土、老果园、碱性土等地段发病重；降雨量大，连雨，土壤中毛细水流不断的年份发病重；春季长期低温，根系伤口不易愈合的年份发病重。因为开始土温低不利于伤口愈合，后来温度上升但伤口不能马上愈合，细菌却可以立即侵入。有三种地根瘤多，一是新开发地，生土多养分少，树弱病多；二是花生地，地下害虫多，伤口多，病则多；三是间植大樱桃的桃园，桃树死根放出氢氰酸削弱长势，使根瘤增多。不同砧木，根瘤着生的部位不同。山樱桃、吉赛拉、寇尔特，根瘤多在主、侧根上，养分、水分受阻时，前部根停长或腐烂，后部很快生出新根；中国樱桃包括草樱等，根瘤常于根颈环生，不易生新根。栽植过深、土壤湿度大、施肥伤根等都易发病。一年中的发病时间是，4、5月开始发病，6—10月都有瘤体形成，其中8月最多，10月下旬结束。

(2) 侵染途径与致病机制

①土壤带菌侵染：根瘤杆菌广泛、普遍地存在于温带土壤之中，寄主很多，并长期生存在土壤中，一般可在土中存活几年，潜伏侵染，遇适宜寄主即侵入加害。所以，土壤带菌是致病的主要来源。如山樱砧木，原产地无病，种子又不带菌，嫁接成苗后却有根瘤出现，只能是圃地土壤带菌侵染。另外，嫁接苗带菌也是远距离传播的一种途径。

在病瘤组织中越冬的病原菌大都在瘤体表层。当瘤体表层被分解破裂后，随其脱落，病菌即进入土中。细菌被雨水、灌溉水冲入土中，又借雨水和灌溉水流传播扩大、侵染。地下害虫、线虫等也是一种传媒。

②伤口侵入：土壤中根瘤细菌通过各种伤口侵入根部，形成根瘤。如从剪口、接口、机械伤、虫伤、雹伤、冻伤、皮孔等侵入，刺激细胞增多成瘤。伤口少侵染则少。潜伏期几周至1年以上。细菌在导管内可以运行。自伤口侵入到出现明显瘤状体至少需要2~3个月。病瘤在根系中的分布是，0.5~1.0厘米较粗根的剪截口处居多，须根和无伤口的根上极少。

③致病机制：根瘤菌的致病机制奇特而复杂。大樱桃根部受伤后，伤口部位会产生糖类、酚类等物质，这些物质对土壤杆菌有趋化作用。细菌受到这类物质的诱导而随着毛细水流游到根部伤口处，附着在上面。伤口的生成物进入菌体，激活菌

体产生一种酶，将自身的 T-DNA 经过加工、运输，最后整合到寄主根部细胞的染色体上，使根部被侵染部位细胞获得激素自主能力，从而干扰破坏了根系自身调控细胞有序分裂的生物机制，使侵染点细胞毫无节制地分裂、增长，最终导致肿瘤的形成。

（3）防治方法

①三种直接防治方法：

第一，K84 以菌治菌。K84 是 1972 年澳大利亚从桃树根瘤中筛选出 1 株放射性杆菌 84 号菌系。它能抢先占领伤口位点，产生杆菌素 A84，阻止病菌侵入，抑制根瘤土壤杆菌的生长，使根瘤病原菌丧失致病力。我国生产的商品名叫根癌宁（灵）。具体处理方法：拌种，K84 兑水 1~2 倍，0.1 千克菌液拌 1.5~2 千克砧木种子，拌后用塑料袋包上不让风干，立即播种；蘸根和浸根，30 倍 K84 悬浮液栽前浸根 5 分钟，或 2~4 倍液蘸根，有瘤苗剪瘤蘸根或涂瘤部后栽植，栽后不立即浇水，隔一天再浇；灌根，幼树扒开根土，每株浇灌 30 倍菌液 1~2 千克，或切除根瘤，伤口贴附已吸足 30 倍液的棉球，然后覆土；枝干上瘤切除后，涂抹 K84 50 倍液，再用泥土封住。使用 K84，一定要注意商品质量，如果时间长，药土已干，K84 杆菌已死亡，就不能抑制根瘤杆菌。

第二，10% 杀菌优水剂涂抹、灌根。涂抹，切除病瘤，用 10 倍药液加 800 倍农药渗透剂涂抹伤口；灌根，用 200 倍药液直接浇灌。

第三，农用链霉素涂抹、蘸根和灌根。400 单位农用链霉素加 800 倍农药渗透剂涂抹伤口或蘸根，1000 单位农用链霉素灌根。

②两种辅助疗法：

第一，新宝佳灌根、蘸根。灌根，扒开根土露出病瘤，用 200~300 倍新宝佳灌根后覆土；蘸根，用 100 倍液蘸 5 分钟。

新宝佳，美国产，含活性酶，能在瘤体阻截处促发新根，复壮树势，处理后瘤体逐渐腐烂钙化。树上喷 1000 倍液可增强树势。

第二，酸化土壤。根据根瘤菌在酸性土壤中不易生存的原理，对 pH 在 7 以上的土壤进行酸化处理，使 pH 保持在 6 左右，最好是 5~6，在根际创造酸性条件，以限制或阻止根瘤杆菌的繁殖，使其失去寄生能力。具体做法，一是在栽植坑回填土中掺加酸性土，如每个栽植坑中加 25 千克草炭土，与土拌匀；二是栽植穴 1 平方米撒施 22 克硫黄粉，与土拌匀，可降低 pH1 度；三是撒入 25 克硫酸亚铁或用 500 倍硫酸亚铁液浇灌；四是施酸性肥料，基肥以酸性有机肥为主，辅以酸性化肥。酸性基肥主要有草炭土、鸡粪、绿肥、马粪等，酸性化肥有硫酸铵、硫酸钾、过磷酸钙、磷酸二氢钾等。

③生产中常用的预防措施：

注重检疫，采用无病苗木；减少各种伤口，促进伤口愈合，栽树前不剪好根，尽量减少伤口，伤口蘸生长素、生根素，抹愈合剂；防治地下害虫，减少虫口；锄草、施肥时尽量防止伤根；覆膜增温，促进春季根系伤口愈合；不在病菌多并容易传播的地块育苗和建园，采用根瘤少的砧木育苗，苗圃地不重茬；淘汰病苗，烧毁根瘤；灌水时不积水、不淹水，采用微灌，不在土中形成病菌游动的水流等。

④几种偏方：

防治根瘤病有许多有效的方法，但这些方法不稳定，有的重复使用效果不佳。如根系消毒：5000 倍高锰酸钾液洗蘸，来苏儿浸洗，150 倍波尔多液浸蘸，0.1%升汞蘸根，300 倍 3%琥珀酸铜胶悬液浸蘸，1%硫酸铜浸根 5 分钟后再放 2%石灰水中浸 1 分钟，3%氯酸钠浸 3 分钟，500 倍 50%代森铵灌根，500 倍菌毒清液蘸根；切口消毒与保护：5 波美度石硫合剂涂抹伤口，50 倍 402 抗菌剂消毒切口，15 倍等量式波尔多浆保护伤口，用 400 毫升/升链霉素涂抹切口后再涂凡士林油保护，用 80%二硝基邻甲酚钠 100 倍液进行伤口消毒；根颈、根系喷 200 倍高脂膜水溶液，阻止细菌侵入；根系周围 1 平方米喷、撒福尔马林 60 克或漂白粉 100~150 克处理土壤；多施尿素，可以烧死瘤体等。

2. 流胶病

流胶病，也叫出摽，是树液从皮孔溢出后堆积成透明或半透明的黄色或无色胶液，遇空气后变成赤褐色胶冻，干燥后为褐色硬胶块。旱天胶体凝紧坚韧，雨天松散易除。流胶多出现于大枝、主干上，1 年生枝也有。发病时期，从春季树液流动开始，7、8 月为发病高峰。其病因复杂，规律不明，不易治愈。轻者树衰，重者死树。

（1）发病原因

说法不一，概括有三。

①生理病害：长期以来，一般认为流胶病是一种生理病害，是樱桃树体生理代谢失调所致。枝干病虫害、冻害、抽条、日灼、剪枝过度、伤口多、施肥不当如偏施氮肥、水过多或不足、负担过重、树体衰弱、土壤黏重、栽得过深等都易引起代谢失调，出现流胶；土质瘠薄、肥水不足特别是有机肥不足、水位高不易排水的低洼地和前茬为核果的樱桃园流胶较重。发病诱因可以概括为旱、涝、冻、伤、衰 5 个字。但旱天轻，涝天重。

②真菌侵染：近年说流胶病是一种子囊菌侵染所致。病菌以菌丝体、子囊座、分生孢子器在病部越冬，可在病枝上存活多年。孢子靠雨水散发传播，从皮孔、伤口侵入。孢子量，新病枝比老病枝多。

③横皮紧箍导致过多的树液外流：大樱桃树木质部导管粗，吸收水分多，树液则多。而树皮为横丝箍得紧，过多的树液只好自形成层从较大的皮孔穿过内外皮层外溢，见空气而凝结成胶块。

（2）防治方法

①强化管理：针对引起树体代谢失调的诸多因素，加强综合管理，使树势中庸，生长健壮，高产稳产。如增施有机肥，控制施氮量，不大水漫灌，园内不积水，土壤通气好，防治病虫害，减少机械伤，防冻、防日灼等。

②纵割开皮放胶法：核果类横表皮箍得紧，划开后等于松绑，过多的树液可随时散发出去。春天芽萌动后即5至6月，用快刀将树干和粗枝表皮纵割数道（条），深度不到木质部，只划破外表横皮。划割条数随枝干粗度而定，细枝少，1~2条，粗枝多，3~5条；划割条道长度5~20厘米，自上至下断续划割。这时树液流动，切口很快愈合。这一方法的作用，第一，防止流胶。划割切口后，憋在皮下的胶液被放出来，就不会从某个孔口集中分泌出来形成流胶。第二，开皮增粗。切断紧箍的环形横皮，可以使木质宽松，皮层放开，激活形成层，促其加粗生长。松绑后，树体正常生长，自然就不流胶了。

③常用偏方：第一，萌芽前，刮除病部胶块，涂抹各种药液和保护剂，一是涂抹100倍402抗菌剂；二是涂抹5波美度石硫合剂或45%固体石硫合剂10倍液，再涂上铅油或动物油脂或抹上黄泥；三是用10份生石灰、1份石硫合剂、2份盐、0.3份植物油，加水调成糊状涂抹；四是分别用多菌灵、甲基托布津、代森锰锌等与黄泥调成糊状涂抹，并用塑料包扎；五是用40%福美砷粉剂50倍液涂抹。第二，芽萌动前全树喷40%福美砷100倍液，铲除浅层病菌。第三，生长季节药剂处理：刮除胶体，分别涂抹兽用紫药水、速可灵2~3倍液、雷奇果树康50倍液、愈合剂等，再用黄泥封好；刮净胶体后，涂上75%百菌清10倍液，或刮后纵割到木质再涂抹；7至8月流胶高发期，刮除胶块到木质，涂2%甲紫溶液3~5次或5波美度石硫合剂；开花时刮除胶体，涂抹50倍炭疽灵液或10倍炭疽福美或石硫合剂50倍液，20天涂一次，共4次；刮净胶体，将5波美度

石硫合剂、豆浆、300~600倍百菌清或多菌灵按1:1:1比例混合，加少量大油，调好后涂在病部；雨季，刮净胶块，涂上100倍50%多菌灵加维生素B_6，包扎塑料薄膜；树液流动后，用50~100倍多效灵涂病部，或刮净胶块后再涂100倍多效灵，并用塑料薄膜包扎。第四，坐果后，喷氨基酸钙（氨钙宝）500~800倍液，7天一次，共4次。第五，不刮胶块，用刀片将胶块纵割一道到木质，透气后内部长出愈合组织，不再流胶。

有的实验显示剪枝时期与剪口流胶有关，可以参考。如12月剪枝，流胶占36%，发芽前剪流胶占16%，6月20日以后剪流胶占18%，剪口流胶最少的日期是6月上中旬。

3. 裂果

甜樱桃裂果，是在果实接近成熟时和成熟未采之前出现的生理现象。有纵裂，有横裂，有纵横都裂，有的只有梗洼或顶凹处有一道月牙形或环形水崩口。裂果，有轻有重。同一品种有的年份轻，有的年份重，有的地区轻，有的地区重。没有绝对不裂的品种，特别是晚熟品种。早熟品种，只是因为成熟早还没到雨季，或者是雨季拖后连晚熟品种也没赶上。特殊年份，如2008年春季长期低温，成熟期拖后，雨季提前，就连几十年没裂的红灯遇雨也裂得十分严重。裂果，降质降价，严重影响大樱桃生产的发展。

（1）裂果原因分析

当前有5种说法，而且都有道理。

①气孔易渗说：果实表面有许多气孔，1平方毫米10~15个，随果实成熟不能像苹果和梨那样形成木栓化皮孔，而丧失其开闭机能，所以采前遇雨，雨水很容易由气孔进入果肉组织，使其膨胀将果皮拉紧，当其拉力超过果皮拉力强度时，就会扯裂，造成裂果。刚成熟的果实，果皮大小已基本稳定，果肉细胞则可以继续增大，而且皮孔直接吸水比根系吸水到果实既快捷又量大，使果皮没有与果肉同步增大的时间。所以，雨后很

快就出现裂果。雨前遮住果实，让雨水直落树下不裂果，而雨水直接降到果实上则易裂果，就可以说明这一点。

②果皮胀裂说：果实近成熟时，久旱遇雨，含水较少的果皮急切吸收雨水，突然增加膨压，使其自身胀裂。果实成熟度越高皮越薄，越容易胀裂。

③增长速率说：久旱遇雨或突然浇水，果实吸水后，果皮、果肉增长速度不一致，果肉细胞增大比果皮快，顶破果皮，使其破裂。

④组织解剖说：从果实组织解剖上看，第一是果实外表皮角质层常产生许多小龟裂纹，这些小裂纹在果实成熟前，大量吸水，导致果实迅速膨胀，使小裂缝深达果肉，造成裂果，也就是从小龟裂纹处胀裂；第二是随着果实成熟，气孔呈开张状态，易进水；第三是果面缝合线部位，细胞排列致密性差，易从这里开裂。裂口的部位和形状不同，可能就是开裂处细胞结构松散，拉力小。

⑤品种抗性说：果面吸水能力强、气孔大而密、果皮强度差、果实成熟晚的品种易裂果，如胜利、宾库等，但萨米脱裂果较轻。也有人认为，酸樱桃裂果轻，甜樱桃裂果较重；甜樱桃中，酸味重的裂果轻，甜味重的裂果重。

（2）应对措施

①栽植抗裂果品种：这是最基本、最重要的措施，是从根本上解决问题。即栽植相对不裂或裂果较轻的名优高效晚熟品种，以及能够躲过雨季的早熟名优高效品种，如萨米脱、美早、红灯等。

②稳定土壤水分：果实发育后期，即6月中下旬硬核至采收期适量浇水，维持适宜、稳定的土壤水分，保证果实发育对水分的正常需求。不能大水漫灌、淹水积涝，切忌久旱灌大水，也不能过少、旱涝不均、忽干忽湿。要在10~30厘米深的土层中保持田间最大持水量60%~80%的含水量，低于60%时就要灌

水，小水勤浇，即过堂水。一般来说，壤土、沙壤土，用手紧握成团，再挤压土团不碎裂，说明土壤湿度适宜，不用浇水，如一松手不成团就应灌水；黏壤土，握时成团，轻轻挤压就裂缝时需要灌水。含水量超标时要排水或覆膜挡水。

③架设遮雨篷：果实着色后，架设遮雨装置，挡住雨水，预防裂果。遮雨篷有顶篷式、帷帘式、包裹式、球形架式、长廊式和大棚式，篷布采用塑料薄膜和化纤薄苫布。遮雨篷有固定式和活动式两种，活动的，在降雨前将篷布闭合以遮雨，雨后再拉开见光。幼树果少，雨前可用地膜将果实包住，过雨再打开。

④辅助栽培措施：如坐果后 7 天喷一次氨基酸钙，喷 4 次；花后 3 周喷 10 毫克/升赤霉素，采前 20 天喷 5~10 毫克/升赤霉素；采前 25 天开始喷 12 毫克/升赤霉素加 3~4 克/升氯化钙水溶液，5 天一次；果实着色期开始，每隔 1 周喷一次 2.99 克/升氯化钙水溶液等，增加果实含钙量，提高其抗裂性，减轻裂果。采前，改善通风透光条件，降低园内空气湿度也可以减轻裂果的发生。还要准确掌握天气预报，大雨前及时采收。

4. 抽条

大樱桃 1 年生枝，因冬春脱水而皱皮和枝梢干缩叫抽条。抽条不是冻害，是生理干旱造成的，所以叫生理旱害。但与冻害有关，又称"旱冻"。抽条，内部组织一般不变，只是枝条干缩。抽条在北方大樱桃产区经常发生，危害严重，是甜樱桃栽培的一大障碍。有的幼旺树，今年抽条要从干缩部位的下部或基部剪截，剪得重，地上部变小，根系大，下年仍然发旺条照样抽条，还要重剪，几年循环下去，长不成树，建不成园。抽条一般从 2 月开始，3—4 月加重。多发生在冬末春初气温回升时，雪少、风大、干旱、严寒的冬季也出现抽条。

(1) 抽条原因

大樱桃抽条的原因是枝内水分的入不敷出，使枝条失水而干缩。冬春风大少雪、空气干燥，虽然低温枝干水分照样缓慢蒸发，3、4月气温回升，蒸发量增大；大樱桃幼树枝条生长量大，表面角质程度差，蜡质少，皮孔大，易蒸发，旺枝肥条不充实，角质程度更差，蜡质更少，加上表面积大，蒸发量就更大；3月中下旬至4月中旬土温低，土壤水分冻结，大樱桃幼树根群小，比其他果树浅，都分布在冻土层，不能吸水或很少吸水，而且在土温低于8℃时根系又不能正常活动。这样，只蒸发不吸收或蒸发多吸收少，入不敷出，就要抽条。冬季严寒、春季倒春寒会加剧抽条，旺条、弱条、细条、不充实的秋梢和停止生长晚的嫩梢，枝体空不抗冻，易蒸发，受冻后先脱水干缩。生长较旺的超长枝，在水分、养分充足时一直生长到低温强迫停止之时，这样的长枝消耗多积累少，自身空虚，最易受冻、抽条。一般1~3年生树抽条重，4年后树大根群大、吸水力强、枝条充实，不易抽条。

（2）预防办法

①强树壮枝：采取综合措施，限制旺长，充实枝体，提高枝条成熟度，加厚角质层。第一，控氮控水，增施磷钾肥。6月以后少追氮肥，连喷3次0.3%磷酸二氢钾，生长期不大水漫灌刺激旺长。第二，注重夏剪，反复摘心，疏控旺梢，及时拉枝，改善光照，减少无效消耗。第三，春、秋用700倍活力素加200倍硫酸钾各浇根一次，增加枝体微量元素含量，提高充

实度。第四，灌足封冻水，增加枝干水分和早春的供水。第五，可试行2月中旬以前剪枝，减少枝条的蒸发面积，但要保护好伤口。

②提高土温：早春增加土温，可促进

根系对水分的吸收，减少抽条。第一，在果园边设防风林、挟风杖，创造温暖的小气候。第二，覆地膜。秋冬施肥灌水后，在幼树两边各铺一条宽1米的白地膜，用土压住，可保水增温。在蒸发量增大时根已能够活动吸水，以补充地上部分的需要，有效地预防抽条。第三，及早撤除上冻前所培的防寒土堆，覆上膜，主干北半边做上土围墙，促根际增温。4月初覆地膜，地温可提高1℃。

③地膜缠枝：此法北京地区曾用过。冬剪后马上进行，将成卷地膜（不用超薄膜）切剪成3~4厘米宽一小段，用来缠裹幼树剪后的枝。先缠严剪口，然后自上而下一圈压一圈将枝条全缠起来，地膜末端穿入上面一圈的扣中扣紧，中心干、主干和几个主枝全缠上。春季芽萌动时要及时解开。但这一方法在其他地方效果不一，有的阳面有灼伤，有的因影响呼吸而损伤主芽。

④喷涂防冻液：即涂抹、喷洒防冻防蒸发的药液，以减少抽条。第一，喷涂防冻蜡液。抚顺产防冻蜡液1千克加2千克温水，搅匀后戴胶皮手套用海绵蘸防冻液自下而上涂抹枝条，轻轻一次即可。涂抹时间要选在气温降到-10℃后枝干化冻的晴天。辽宁大连地区在11月15日至20日。喷布时，1千克防冻液加5千克温水。第二，涂凡士林油。用白色凡士林油（不用黄色的）薄薄涂上，不伤枝芽和皮，能明显减少水分蒸发。芽的部位如果抹得多，太阳晒后半熔化的凡士林油有渗透作用，不利于芽的萌发，所以要到12月气温低时进行。具体做法是，戴手套，将凡士林油涂在手套中间，握住枝条由下而上涂抹，手温使凡士林柔软易涂，方便快捷。但一定要涂匀、涂薄，芽上不堆积。第三，油皂合剂涂抹。先用热水将0.4千克肥皂化好，加热水到40千克，不断搅动，再加入1千克猪油，搅好后涂抹。第四，入冬前喷一次石灰乳，配比为石灰10份、盐0.5份、水30份。

5. 冻害

(1) 冻害的三个时期

大樱桃易遭冻害，依其出现的时间可分为晚秋冻害、冬季冻害和春季花期霜冻三种。晚秋，树体尚未完全休眠，寒潮突袭，形成层冻伤严重，削弱树势。冬季冻害，轻者花芽冻伤冻死，较重者1年生枝冻伤、冻死，严重者大枝受冻，甚至全树冻死。春季花期的晚霜冻，从芽萌动到开花坐果（清明到谷雨）气温波动大，最易出现花芽冻害，损伤花器，严重影响产量，甚至绝收。

(2) 冻害的三种类型

①细胞间隙水分结冰：初冬，气温降至冰点以下，细胞间隙的水分结冰，造成水势下降，使细胞内的水分大量外渗，导致细胞液中蛋白质凝固、变性而损伤。

②细胞液结冰：气温急剧下降至冰点以下，致使细胞液结冰所产生的冰晶体对细胞原生质体产生了鼓胀顶压的机械损伤作用，造成细胞迅速死亡。一定容积的水结冰后，其体积要比水大1/9，所以当细胞液和细胞间隙中的水结冰时，体积增大，就会产生一种挤胀撕扯的破坏作用。

③解冻中撕伤：早春解冻时，因细胞间隙水分结冰而失水的细胞，当气温突然升高，冰冻很快融化时，会使细胞急剧吸水将原生质撕裂，导致细胞死亡。

(3) 不同器官的冻害反应

不同器官、不同物候期的冻害状况不同。花芽不如叶芽抗冻，初冬气温突降，春天回暖后又来寒潮易受冻，雌蕊最不抗冻，轻时花托冻坏花照开，重时雄蕊冻坏，受冻花芽纵切后花托黑褐色，花蕊黄褐色。初秋和晚春夜间气温降到0℃以下，萌动的芽易受冻，外部变褐、黑，鳞片松散、干枯。根颈，休眠晚解除休眠早，最易受冻，变成褐至黑褐色，最后腐烂。形成层，休眠前最不抗冻，休眠后最抗寒，受冻后变成黄褐色至红褐色，轻时在树上可以恢复，但移栽后则易死亡。枝条，休眠期髓部、木质部易受冻，变成褐色至红褐、黑褐色。主干，昼夜温差大，气温突降，皮层与木质胀缩不匀，外缩内胀，使皮层开裂，纵裂到根颈。根，基本无自然休眠，比地上部易遭冻害，其形成层最不抗冻，受冻后皮变褐色，与木质脱离。

（4）与冻害相关的因素

①枝条成熟度：即树体自身的抗寒能力。当年新梢不徒长并及时停止生长，充分木质化，细胞中水分少，积累储藏养分多，形成层活动减弱，枝条充实，成熟度高，树体强健，抗寒能力强。水分多，氮肥多，秋雨多，贪青返旺停长晚，枝多枝旺，大小年严重和早期落叶，枝体不充实，储藏养分少，树势衰弱，冻害则重。

②变温速度与幅度：抗寒有两个逐渐适应的过程，第一期是 6~0℃，第二期是 0~-12℃。初冬突然大幅度降温，变温幅度大，来不及抗寒锻炼，冻害则重。

③绝对低温与持续时间：一年中，绝对低温很低，常易出现冻害；但时间短暂，气温很快回升，则不易产生冻害或冻害很轻。如辽宁瓦房店地区多次出现-25℃低温，2001 年 1 月达到-28.3℃，但只有 1~2 天，冻害较轻。相反，气温虽不过低，但持续时间长，冻害也重。

④不同种类与品种的抗寒性不同：酸樱桃耐寒力强，冻害轻；甜樱桃耐寒力差，冻害较重；甜樱桃品种中，俄罗斯品种抗寒性较强，加拿大品种次之，再次是美国品种，乌克兰品种不抗寒，日本品种和国内培育的品种最不抗寒。

⑤休眠程度：尚未休眠或刚刚休眠时冻害重，深休眠时冻害轻，打破休眠开始萌动时冻害重。

⑥花芽的抗霜冻能力与树龄、部位、大小等有关：老树花芽比幼树抗霜冻能力强，树体中上部花芽比下部强，小花芽比大花芽强，花芽鳞片少的比多的强，高坡丘陵比低洼地霜冻轻。

⑦坡向与阴阳面：一般阳坡冻害轻，一棵树背阴面比阳面轻。

(5) 预防冻害措施

①加强土、肥、水综合管理：多施有机肥，增加磷、钾肥，喷布活力素，增加树体营养，强树壮枝；控氮控水，限制旺长，摘心壮枝，增强光照，8月适当喷施PBO，提高枝条充实度。

②采用各种防寒措施：如营造防护林、挟风杖，涂白，培土堆，覆膜，灌封冻水，围架秸秆，设遮风布栏等。

③注意防风、防涝：冬春风大，空气干燥，如遇低温会加剧伤冻；水多又易徒长，大大降低冬季的抗寒性。所以要防风、防涝，不选风口、低洼地建园；坡地应有纵、横排水沟，使水不在园内潴积；放通树窝，不积水泡树。

④预防霜冻：熏烟趋寒，半夜2时气温降至2℃时点火放烟；喷水、灌水缓和气温，喷水后遇冷结冰放热，使树体温度不突然下降；春灌可延迟花期5~7天，躲过晚霜。夏季喷300~800倍液乙烯利3次，增加枝、芽生长抑制剂含量，休眠期可延长5~10天，推迟花期10~14天，从而避开或减轻晚霜冻。喷白也可推迟花期。

⑤选栽抗寒品种：如俄罗斯优良品种以及优质酸樱桃等。

（三）死树死苗的原因

好好一棵樱桃树说死就死了，一片葱绿的实生砧木苗突然成片打蔫，或者是不死不活就是不长。这种莫名其妙的死树，也产生了"樱桃好吃树难栽"的误解。那么，这是为什么呢？

1. 缺氧憋的

大樱桃树根系需氧量大，缺氧会憋死。积涝渍水超过24小时，根呼吸机能减弱，导致缺氧造成根系二氧化碳中毒，使其不能正常生长而逐渐枯死、霉烂，直至全树死亡。泄涝地、低洼地、连降大雨、庭院栽树硬倒水等，都会使根系缺氧。另一种情况是土壤严重缺氧，如死黄黏土、鸭屎泥土、过于板结的土壤和土壤淤密沉实的多年老果园，通气性差，也易使根群窒息，造成死树。

2. 生粪烧的

施用没有充分发酵腐熟的马粪、鸡粪、人粪尿等，与幼根接触，将其烧死，不能再吸收水分与养分。而树体或苗茎靠贮藏的养分萌芽展叶后，得不到根系的持续供应，只好枯死。追化肥成块、太近、不匀都能烧根，特别是含氯的氮肥和钾肥更易烧根死树。所以，栽小砧苗一般不施肥，待成活后再追肥。实生嫩苗在没有达到半木质化的时候不追化肥，因为追化肥增加土壤溶液的浓度，使幼嫩小根的水分外渗；新栽的小苗，刚缓苗就追化肥，也同样会导致死亡。所以，施有机肥一定要充分发酵，追化肥种类要选好，时间要得当。

3. 天寒冻的

当冬季气温超过相对临界温度，如-20℃、-26℃、-29℃，甚至-34℃时，树体就会出现冻害，重者死树。气温不超过相对临界温度，但持续时间长，也会冻伤樱桃树。最不易察觉的是根颈冻害引起的死树，树的根颈部位是一棵树的枢纽咽喉、生命活动的干线通道，它上承枝干下接根系，入冬时停止活动最晚，开春时苏醒活动最早，最不抗冻，在根颈的形成层和皮部冻死后，看上去树还是好好的，发芽后就不能再长了，因为根系与枝干间的通道被切断而无声无息地逐渐枯死。苗木栽植后，长期低温，根不能活动，苗茎靠自身养分发芽后又萎蔫。幼旺树，遇长时间倒春寒，会导致全树抽条干缩。

4. 凉水击的

旱天土温高，连浇几次深井凉水，根温骤变，容易闪着，像人的感冒。在春天气温较低的情况下，连浇几次水，幼苗会因土温低加潮湿而导致立枯病的发生。如果浇凉水，一干一凉，幼根更受不了。因此，浇井水一定要先装在缸里晒一晒或加长渠道，让水在流动中增温。更不能在中午或旱天土温较高时浇凉水。

5. 大风摇的

夏季大风大雨，樱桃园土壤被雨水泡喧、松散无团，加上樱桃树主根浅固地性差，一场大风，特别是绞劲风，很容易将大树晃倒断根致死，将幼树转死。冬春季风大，空气干燥加低温，会加剧冻伤和抽干，使幼旺树死亡。

6. 空腹饿的

枝体空虚，缺乏营养，待有限养分耗尽后自然死亡。犹如动物因饥饿空腹而冻死。具体有以下几种情况。

（1）生长过旺

大樱桃树，特别是幼树，容易旺长，直到上冻也未停止。营养物质几乎全部消耗在生长上，体空枝糠，没有御寒能力。晚秋、深冬或早春遇冷，形成层冻死变褐，到春天靠极少的贮藏养分勉强发芽或展叶，但因形成层不能继续分生新的组织而枯死。有的虽未冻死，也因春季需养量大，入不敷出，同样会导致死树。

（2）早期落叶

叶片是树体制造营养物质的工厂，早期落叶，前期养分耗尽，后期又不能再制造，树体没有贮存养分，到春天补充不上就饿死了。8 月以后，新梢封顶多、成叶多、昼夜温差大，为营养物质的制造与积累的高峰，在这之前落叶，影响最大。苗圃中的苗木早期落叶，则要降低栽后的成活率。

（3）树体衰败

部分树，全树缓放、全面摘心、过度化控，只成花不长枝，花量过大，结果过量，加上土、肥、水管理差，使树体极度衰弱，养分消耗多积累少，经不起一冬风雪霜寒的折腾和春季对营养物质的大量消耗，而慢慢萎缩枯衰。

7. 病虫害的

病虫为害严重也能死树。入冬前起苗进行冬贮，如果根系埋沙或土不紧密有空隙、润水过多湿度大、天不冷就全部埋土封严、春季回暖气温升高时未能及时扒苗重埋，根部常常会烧热捂烂，滋生霉菌，长白毛，引起烂根，这样的苗栽后易死。苗木根部病害，栽前没剪除、没消毒，栽后扩大加重，也要影响成活。樱桃树根系纹羽病、树上病毒病和主干干腐病，严重时同样死树。

虫害死树也常见。如沙土地蝼蛄啃噬的，湿黏土线虫叮咬的，主干上哈虫或小透羽钻倒的，枝芽被象鼻虫、金龟子抠吃光的等。

8. 根群干的

长期干旱，深层土十分干燥，灌溉时，几天一浇，小水勤淋，哪次也没浇透，地皮湿了又蒸发，根子周围还是干的，使新栽苗木缓苗慢，先是不长后又枯死。大树先黄叶，凋落后逐渐干枯。

还有这种现象，一棵新栽小树，既不皱皮，也不干梢，虽未死却不萌芽长叶，到秋天才长出叶来，这叫"闷芽"，是假死。原因有几个，移栽时伤根过多，伤、病、弱根子多，须根太少，定植时不能及时吸收水分养分；栽得过深，使根颈及根系呼吸机能减弱，并因缺氧造成二氧化碳中毒，使其不能正常生长；地下水位过高，或浇水过多，降低了土温，影响愈合和长根，而推迟发芽；墒情不足或定植时埋土不严，透气漏风；定干时，剪口下留弱芽或隐芽等。有的树会因土壤盐碱含量高而死亡。也有极个别的地方将假苗用盐水蘸根或开水烫根后出售，当时不易看出，栽后则死亡。

（四）不结果的缘由与成花结果的对策

农家常有1棵、几棵、上百棵大樱桃树，长得挺好，就是不结果，说是公树。其实不是，大樱桃树不分公母，没有公树。

1. 不结果的缘由

（1）没有配置授粉树。大樱桃大多数品种是异花授粉，要用另一个品种刚刚盛开的花中雄蕊的成熟花粉给这一个品种的雌蕊柱头授上粉，经过花粉发芽长出花粉管，由柱头经花柱深入子房受精后才能怀胎坐果。没有授粉树，受不上粉就不能坐果。即使是自花授粉品种，如艳阳、拉宾斯、斯坦勒和酸樱桃等，也要另配授粉树。因为这些品种自花授粉可以坐果，但不等于100%坐果，有了另一个授粉品种，授粉几率会更高，更有把握。

（2）授粉树配置不当。有的园虽然栽植两个品种，但配置不当，花期不遇，有粉授不上，也不能坐果。如黄色品种13–33花期比别的品种早3~5天，错过授粉的良机，所以坐果很少。有的授粉树数量不足或天气不佳，都影响授粉坐果，自然授粉靠蜜蜂、昆虫、风力和重力来完成，但花期遇雨、遇强风限制蜜蜂活动，温度降至6~7℃又使花粉管生长减慢，不利于授粉。大风沙尘、干热风刮伤花器，蒙住、摔打和吹干柱头，有粉也授不上；花期遇急雨，冲洗了柱头上的黏液，使花粉沾不上，已经附着在柱头上的花粉也被冲掉，而不能授粉坐果。

（3）肥水不当。施肥时期和种类不当，如到晚秋或春天才施基肥，时期过晚，雨季新梢旺长时才分解吸收，会使长势更旺。有的氮多水多、大肥大水，磷、钾肥少，刺激旺长，造成营养生长过度，生殖生长暂停，小树抽条，幼树不成花，自然不结果。

（4）修剪不当。大樱桃树成枝力强又易抽生二次枝，剪枝时截的多，剪得重，只长条不成花。今年剪截的多，分枝多，明年再剪截再分枝，年年分枝长树，枝强树旺，繁茂郁闭，只长树不成花结果，似绿化树。生长与结果是一对矛盾，只贪长就不结果。

（5）营养不足。特别是贮存营养不足，不利于花芽分化，并影响萌芽、开花、受精、坐果。土质瘠薄，树体衰弱；洪涝黄叶，光照不足；有机肥少，磷、钾不足，采后不补肥，早秋不施基肥；早期落叶，后期（8、9月）有光无叶，不能制造营养等，都会使树体空虚，花芽分化受阻，形成大量中间芽。管理不佳，4~7年生树很容易形成大量败育花，花而不实。

（6）其他因素。缺硼，硼是花粉发芽、花粉管伸长必不可少的微量元素，缺硼则影响授粉、受精的正常进行，只开花不坐果；由病虫害、药害引起落花落果；喷施多效唑浓度过高，造成落花、落果；晚霜冻将花芽冻伤、冻死等。

2. 成花结果的对策

（1）配好授粉树

授粉树的选择有5个条件：

①果实的经济价值高，最好是另一个主栽品种，提倡2~3个主栽品种互为授粉树，双优组合、强强联姻，或三优搭配，也可以采用青一色主栽品种加授粉品种树。

②花期一致，至少是接近，而且树体高矮相近，花期较长。

③和主栽品种授粉亲和力强，授粉质量高，坐果多，幼果发育好，无畸形果。

④花量大，花药饱满，花粉多，生命力强。

⑤为新育成的杂交品种或新引进的品种选择授粉树时，应先弄清双亲，一般不选父本，因为父本花粉的亲和力往往较差。当前最佳授粉品种为佳红、美早、萨米脱、含香、红灯、先锋、拉宾斯、斯坦勒等。

授粉树的配置有三条要求：一是双优1:1、三优1:1:1，每个品种集中成行，一般2~3行；二是主栽品种另配授粉树，数量要足，授粉树至少占同园总株数的1/4；三是配置方式要便于授粉和采收。一般距主栽树15米以内，平地园每2~3行主栽品种配1行授粉树；山地果园，授粉树可与主栽树间隔成行配置，而且要在主栽树的上方栽授粉树；庭院栽植一定要两个以上品种或高接授粉枝。

（2）放蜂传粉和人工授粉

①放蜂传粉：大樱桃主要是虫媒花，可于开花前 2~3 天放蜂传粉。一般大樱桃园，每 6~10 亩放养 1~2 标准箱蜂，蜂箱放在园里或园边，距离不超过 500 米。蜜蜂在 11℃时开始活动，16~29℃最活跃，气温低时可暂不放蜂。放蜂时不能打毒药。

②人工授粉：凡是进行大樱桃人工授粉的，座果率都明显提高，而且果个大、质量好，所以应该大力推广。授粉如播种，播了种才有苗出，授了粉才能坐果，才有丰产的希望。所以，人工授粉就是果树生产中的播种。

（3）控旺扶弱

通过剪枝和肥水管理，控制旺长扶持弱势，使旺树旺枝或弱树弱枝转壮成花。树旺，光长树不结果，要促花结果首先要控制旺长。旺树徒长直立枝多，消耗大不积累，还要争夺周围枝条所制造的营养。一般来说，一个长 1 米左右的枝条所消耗的营养会影响 1 千克产量；大枝少、小枝多的树，消耗在枝干上的营养占 14.5%，用于果实上的占 76.8%；大枝多、小枝少的树，消耗在枝干上的营养占 41%，用于果实上的占 45.1%。所以，要控制旺条、大棒，缓和枝势，增加中、小枝量。尽早向生殖生长转化，实现早产早丰。弱而无花的树，可细截细疏，留壮枝壮芽、上位枝上位芽，以集中营养，先促成壮枝，再通过短截分生花枝，或通过缓放形成长辫形花枝。同时加强肥水管理，增施氮肥。

（4）营养保证

营养是基础，追施肥的时期、种类要对路，应有助于成花的需要。要坚持早秋施基肥，切不可拖后；坚持采后追肥，确保花芽分化的需要；坚持叶面喷肥，特别是花期喷硼，喷 50000 倍液赤霉素。

(5) 化控促花

①施用 PBO：PBO 有促成花芽、提高座果率、提早成熟的功效，还有增糖、增强抗旱、抗寒、抗黄化、抗病、抗烂果的作用。

使用方法：未结果树，于当地结果树开花前 10 天树下浇施，每平方米用量 5~7 克，5 月中下旬喷一次 200~250 倍液，6 月底至 7 月初再喷一次 200~250 倍液。初结果树，1 年喷 3 次 250~300 倍液，第一次花前七八天喷，提高座果率，促发短枝；第二次花后 15 天喷，增大果个；第三次采前 10 天喷，增糖促早熟。盛果期大树，于花后 15 天和采前 10 天各喷一次 250~300 倍液。

施用 PBO，应选在肥水条件好，树势强旺的果园，喷布时除波尔多液、石硫合剂外，其他农药都可混用。土施的残效期为 1 年。可隔年土施，第二年采后喷施。

②涂抹来果灵：涂抹来果灵，时间为花后 20~40 天。涂抹部位，从树干地表处开始往上涂 20 厘米宽一周，切不可超过 20 厘米，如从树干距地表 20 厘米以上的部位涂，原液应稀释。涂抹宽度因树龄而异，4、5 年生幼树 10 厘米，7、8 年生树 20 厘米。来果灵 0.5 千克瓶装，一般涂原液，4、5 年生幼树 1 瓶可涂 70~80 棵树。涂后，当年旺条停长而成花。一般新梢长一段到 6 月中旬便停止，约 30 厘米长的新梢，当年下部即有花芽。有效期为 3 年，不能连抹，可间隔 3、4 年涂抹 1 次。涂来果灵，坐果多，果个大，果形不变。但是，不旺树不能涂抹，且只用于树冠不再扩大的幼树。

③喷施多效唑：土施，3 月，距主干 70 厘米挖 7 厘米深环形沟（不挖半圆或放射状沟），施入后覆土封严。药效可持续 3 年，不应连用。株用药量，从 3 年生开始施 2.5 克，4 年生 3~3.5 克，5 年生 4~5 克，6 年生 5.5 克，7~10 年生 7~8.5 克，决不能多施。

喷施：15%粉剂 300 倍液，于果实成熟后（6 月中下旬）或新梢长到 10~20 厘米时（5 月下旬至 6 月上旬）树上喷布，只喷 1 次。

施用过量、树体衰弱时补救办法：a. 增施氮素，叶面喷布 0.5%尿素液，10 天一次，连喷 3 次。b. 喷布浓度为 25~50 毫克/千克赤霉素，10 天一次，共喷 2 次。c. 喷施高美施 400~500 倍液，10 天一次，共 3 次；或用 400 倍液浇根。